阿部誠 著——何蟬秀 譯——林穎青 審閱

大学4年間の
マーケティングが
時間でざっと学べる

東大教授十小時教會你大學四年的行銷學

五南圖書出版公司 印行

前言

紙上談兵？
行銷能透過教科書學習嗎？

坊間充斥著許多商業書籍，提倡諸如「熱銷的法則——這麼做就一定能成功」等概念，遺憾的是，這樣的法則並不存在。在商業的世界中，有數不盡的因素能夠影響結果，即便是廣為人知的行銷 3C，也會受到組織、股東等公司因素（Company）、市場與環境因素（Customer）、同業與異業的競爭因素（Competitors）影響，而不同的情境下，這些條件是不會完全相同的。商業上許多前例與個案都只是呈現出相對關係，並不能含糊地將其認定為因果關係（這個部分請參考 17-4）。

雖然無法保證行銷一定能成功，卻也不必因此放棄，我們可以採取客觀的觀點，提升行銷的成功「機率」。想要持續創造熱銷商品，重要的是客觀且有系統地向客戶持續學習，不斷重複 PDCA（Plan → Do → Check → Act）的循環。

實務上的行銷涵蓋了科學（客觀性、理論性）與藝術（創造力）這兩個層面，而本書則是將大學課程所學的科學部分，也就是行銷的原理、原則濃縮整理而成。

「無法量測，就無法控制」，在實務上，學習科學的方法有個好處，那就是在組織中能夠以共通的語言溝通行銷管理的流程。如此一來，企業就能思考如何建立機制，有系統地向客戶學習，在反覆透過資料與理論進行決策的過程中提升決策的精準度。

我在美國伊利諾大學商學院任教六年，在東京大學任教二十年，這段期間我在大學部與研究所教導行銷學，而本書呈現的是我到目前為

止從大學生、研究生、博士生身上學到的許多事情。本書的主題其實也相當於「十小時學會商學院兩年的行銷學」，歐美的商學院就是所謂的專業學院，其招收的學生在大學攻讀的領域相當多元，包含文科與理科，由於MBA（經營管理碩士）課程並不要求學生具備行銷背景，因此提供的行銷課程與東京大學四年期間所學並無太大差異。

本書也特意加入難度較高的章節，因此讀者若是無法全然理解，那是因為筆者礙於篇幅無法詳盡解釋，請不必太過介意，只須盡可能掌握概要並往下閱讀。企業在實際執行較進階的分析時，經常會外包給顧問公司與行銷研究公司，只要掌握概要，就能幫助我們判斷外包時要採用什麼樣的分析與研究方法、執行過程是否正確，以及分析結果的詮釋是否適當。

東京大學經濟學系教授
阿部　誠

第1部
市場、顧客分析與行銷策略的建立

01 進入行銷的世界

第**3**部
現代行銷學

15 CRM

16 網路

第 1 部

市場、顧客分析與行銷策略的建立

【第 1 部重點詞彙】

▼行銷

是價值交換的過程。行銷活動的目標是建立機制，讓交換的過程順利，藉此創造市場。最大原則是站在對方（客戶）的立場思考。

▼行銷管理程序

是分析市場機會（R）→行銷策略（STP）→行銷組合（MM、4P）→執行（I）→控制（C）的循環，可以說是 PDCA 循環的行銷學版本。

▼ STP

行銷策略＝目標。S：市場區隔（Segmentation），調查市場中的客戶類型、T：目標市場（Targeting），決定行銷客群、P：定位（Positioning），決定提供的價值。

▼ 4P

行銷學的戰術＝行銷時所用的手段，也稱為行銷組合。4P 指的是產品（Product）、價格（Price）、推廣（Promotion）、通路（Place）。

▼ S-O-R 模型（Stimulus-Organism-Response Model）

消費者行為的標準框架。是 1960 年代後半由 Howard 與 Sheth 提出的資料處理模型，將消費者視為資料處理者，綜合性描述消費者的行為。

▼購買決策過程

分為①問題覺察→②搜尋資料→③評估→④決定購買→⑤購後行為這五個階段。分析消費者購買行為的機制時，也必須根據購買決策過程來思考。

▼知覺圖

以圖呈現出消費者是以什麼標準對品牌形成知覺。用於分析品牌競爭結構、既有品牌的形象與評價，以及新品牌的定位等。

▼顧客滿意（Customer Satisfaction, CS）

顧客滿意的定義是購買前的預期與購買後知覺績效（價值）之間的差異。在行銷領域中，顧客滿意的提升相當重要。

▼市場調查

為了特定行銷議題與決策所採取的調查與分析方法。依據調查目的，可以大致區分為三個類型，探索型、記述型、因果型，而調查方法則包含訪問法、觀察法、實驗法這三種方法。

▼輪廓描繪（Profiling）

掌握、描述主要顧客的特徵。若能掌握各市場區隔的顧客樣態，對選擇目標市場與定位會很有幫助。進行輪廓描繪時會使用顧客特性與消費行為特性的兩項變數。

▶ 01 行銷是什麼？

「行銷」是對顧客的「愛」

在商務上，賣方所提供的商品、服務與買方的金錢交換，將能為雙方帶來好處。行銷活動的目標就是要建立機制，讓交換的過程更為順利，進而創造市場。

當然，沒有顧客（Customer）就沒有生意，而行銷的唯一目標就是連結企業與顧客，從這點看來，行銷功能應該要是企業經營的核心。因此，行銷不應只由行銷部這樣的單一部門職掌，而是**要由經營者帶領全體公司執行**。

行銷也能運用在商業（營利企業）以外的領域，以政治為例，行銷能建立一個讓候選人與選民雙方利害關係一致的機制（Marketing of Politics）；再以慈善事業為例，行銷能建立一個讓捐款方因為「捐款」行為而感到喜悅，主辦單位也可以募集到充分資金的機制（Marketing of Charity）；而國家之間的行銷機制，例如日本政府為了向海外推廣日本文化所推出的 Cool Japan 計畫，可以為國內產業、國外遊客／消費者雙方帶來利益（Marketing of Nations）。由此可見，行銷能在不同的領域中發揮效用。

那麼，要如何才能建立對雙方都有好處，而非只為其中一方帶來利益的價值交換機制呢？

首要原則是站在對方（客戶）的立場思考，換句話說，**「行銷」就是對顧客的「愛」**。

30 秒掌握重點！

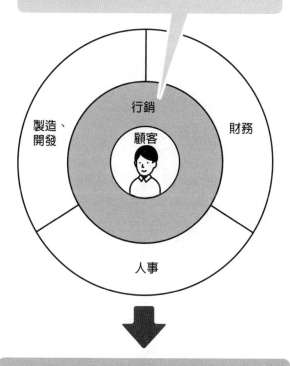

行銷是什麼？

◆行銷是價值交換的過程
◆行銷的目標是建立機制，讓交換順利進行，進而創造市場

製造、開發

行銷

顧客

財務

人事

常見的迷思：對行銷的誤解

● 行銷並非只是行銷部門的問題
● 利益是源自於顧客，而非商品！
● 行銷是經營的關鍵

▶ 02　行銷的誕生

「製造熱銷商品」的概念

在 18 世紀後半的工業化發展與滿足顧客所需價值的背景下，企業對於市場的看法（概念）從生產導向轉為產品導向，再走向銷售導向。

在**生產導向**階段，由於產品供應不足，只要生產了就能賣出。因此，要滿足需求，大量生產是相當重要的。

需求一旦被滿足之後，人們需求的將不再是唾手可得的商品（Commodity），而是轉為追求品質，因此企業的目標變成生產品質良好且價格較低的產品，**產品導向**於是成為主流。

不久後經濟成長，市場上充滿高品質的產品，並開始出現供給過多的現象，因此企業又轉變為**銷售導向**，必須思考如何才能賣出產品。

也就是說，企業開始必須說服客戶，產品如何能夠滿足客戶所需要的價值。

經濟進一步發展成熟後，以產品為重的銷售導向也走到盡頭。美國在 1900 年代初期走向這個階段，日本則是在 1950 年代中期，「行銷」一詞開始受到使用。根據市場（顧客）的需要與欲望，以更有效果、效率的方式達成組織的目標，這就是**行銷導向**。也就是說，企業的概念已經不再是銷售生產的產品，而是製造熱銷商品。

行銷概念的轉變

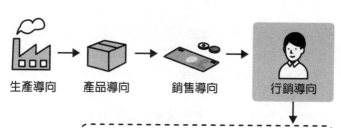

生產導向　　產品導向　　銷售導向　　行銷導向

- 依據市場的需求與欲望，以更有效果、效率的方式達成組織目標
- 要製造「熱銷」商品，而不是單純銷售所生產的產品

【概念】

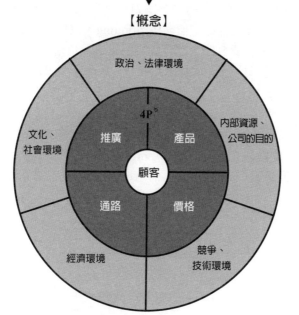

□ 無法控制的因素

■ 可以控制的因素＝行銷組合（4P）

※ 行銷組合（4P）將會在 1-3、6-7 說明

▶ 03　STP 與 4P

行銷的流程

　　如果了解行銷的流程，就可以進一步執行、管理（Management）。商業書籍中也經常提及 PDCA 循環（Plan：計畫→ Do：執行→ Check：查核→ Act：行動），只要套用到行銷，自然就能觀察出行銷的流程。

　　首先是分析市場機會，確定**要在哪個領域展開事業**。這種情況下必須同時評估公司內部因素（強項與弱項）與外部環境因素（競爭、市場＝顧客、環境），並且進行市場調查。下一個階段則**要確立更大的目標，也就是企業希望透過該事業達成什麼**？這就是所謂的行銷策略，行銷策略會區隔市場中的顧客族群（Segmentation，市場區隔）、決定要以什麼類型的顧客為對象（Targeting，選擇目標市場），以及要提供什麼樣的價值（Positioning，定位）。這三項要素各取其英文字首，簡稱 **STP**，是行銷中的目標＝策略。

　　另一方面，企業在行銷中使用的方法＝工具則稱為行銷組合（Marketing Mix），具代表性的有 **4P**，大致可以分為產品（Product）、價格（Price）、推廣（Promotion）、通路（Place）四項。到目前為止所說明的內容相當於 PDCA 的 Plan 部分，接下來會在 Do 的階段中執行（Implementation）計畫，再於 Check 階段檢視事業是否如預期發展，而 Act 階段則會視需求修正軌道（Control），這個階段的所學經驗將有助於分析與調查（Research）下一個市場機會。

行銷管理程序

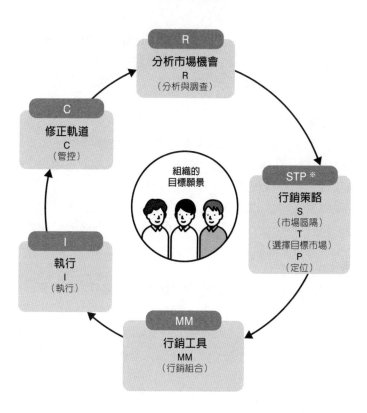

※STP 的相關內容也可以參考 1-4、6-1

重點！

● 了解行銷的程序，就能予以管理！

● PDCA 的行銷版本

▶ 04　STP ＝策略

理解策略與戰術的差異

在英文中，策略是 Strategy，戰術則是 Tactic，策略會影響戰術的方向，因此必須事先決定。舉一個策略的具體例子，日本的文具、辦公家具製造商普樂士公司所拓展的新事業——郵購販售公司 Askul 的STP。

S：市場區隔

如右圖，Askul 公司將文具市場區分為一般消費者與法人兩塊市場，並進一步以規模區隔日本國內法人市場中多達 600 萬處以上的辦公室，這是因為據點規模不同，購買方式也不一樣，大型（30 名員工以上）或中型（10 人以上 30 人以下）的辦公室會由大型文具公司的專人協助處理訂單，小型辦公室（10 人以下）則與一般消費者相同，由員工依需求至商店購買。

T：選擇目標市場

規模較大的辦公室通常已經透過窗口與大型文具公司建立良好的關係，要進入這塊文具市場相當困難，因此 Askul 公司選定的市場是未滿 30 人的中小型辦公室，因為大型文具公司將中小型辦公室視為一般消費者，而非目標客群。

P：定位

Askul 公司將自己定義為提供整合性辦公支援服務的公司，因此它的定位所要提供顧客的價值是「具備辦公室空間中的所有必需品」，而且「明天之前」就會快速送達。

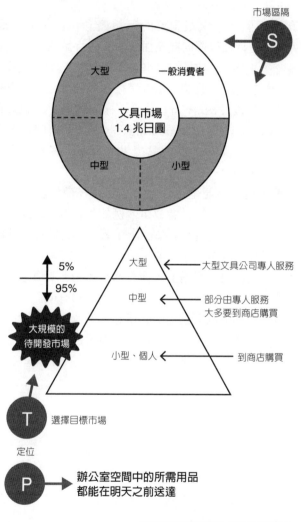

Askul 公司的行銷策略（確立 STP）

市場區隔 S

大型　　　一般消費者

文具市場
1.4 兆日圓

中型　　　小型

5%
95%

大型　→　大型文具公司專人服務

中型　→　部分由專人服務
　　　　　大多要到商店購買

大規模的
待開發市場

小型、個人　→　到商店購買

T　選擇目標市場

定位

P　→　辦公室空間中的所需用品
　　　都能在明天之前送達

註：以上圖表僅為示意圖，並未呈現詳細資料

行銷概念的擴充與未來

　　接下來將介紹三個在未來很重要的行銷概念。第一個是**關係行銷**，是以長期性觀點將顧客導向擴充而成。關係行銷指的是企業跳脫單次交易的概念，與客戶發展為長期的交易關係，藉由這個方式將企業能從客戶一生中獲取的收益，也就是終身價值最大化，重視與客戶之間建立長期的雙贏（win-win）關係。採取關係行銷的策略時，一定要分析大數據（Database Marketing），例如購買紀錄、網路與電視瀏覽紀錄等，並在最好的時間點提供最合適的客製化行銷活動（4P）給每位顧客（一對一行銷或 CRM）。

　　第二個是**社會行銷**，即便是營利企業，其存在價值還是在於人權保護、自然環境、資訊公開等社會貢獻。例如 The Body Shop、星巴克、班尼頓集團等企業都跳脫了利益至上主義，強力宣揚企業的社會責任（CSR），因而成為知名的企業。

　　第三個則是「抑制銷售的行銷」，稱為**稀缺行銷**。其概念是刻意抑制供給，在提供良好品質與服務的同時，也創造稀有價值，從少數顧客獲取極高的滿意度，是個有點極端的概念。不過，經營者的信念與堅持是能夠引起顧客共鳴的，例如會員制的俱樂部、不買廣告，只憑藉口碑宣傳的商品，以及沒進到優質食材，當日就不營業的餐廳等。

掌握主要的行銷概念

①關係行銷

企業重視與顧客之間的關係，讓顧客願意持續交易，將企業在客戶一生中所能獲得的收益（終身價值）最大化

②社會行銷

企業宣揚自己對社會的貢獻，如保護人權、守護自然環境，以及公開資訊等

③稀缺行銷

刻意不銷售（抑制供給量），提供優良的品質與服務，同時創造商品的稀有性，讓少數顧客獲得極高的滿意度

▶ 01　事業願景

企業需要什麼才能延續、成長？

　　尋找新的市場機會與領域時，首先要根據企業的願景，明確指出希望透過該事業實現什麼目標？該怎麼做？自己能做的又是什麼？

　　為了讓組織順利運作，必須透過願景與理念等企業的共同價值，讓企業在採納員工的多元想法與知識時也能維持一定的方向，**行銷管理程序**的核心為企業願景也是基於這個理由，所有的行銷活動都應該在這個框架（願景與理念）之下計畫與執行。

　　還有一件事也很重要，那就是決定事業領域時要考量顧客的需要（Needs）與利益，而不是產品類別與既有技術等企業的「種子」（Seeds，企業擁有的技術、材料與服務）。李維特（T. Levitt）提出的「行銷短視症」（Marketing Myopia）則舉例，美國的鐵路公司不認定自己的事業領域屬於交通運輸業，一味地執著於「鐵路」、電影公司不將自己的格局放大為娛樂產業等，最後都導致衰退，並藉著這些例子提倡思考時以顧客需求為出發點的必要性。

　　產品與服務只是達成顧客需求的方法之一，會隨著市場、環境、技術等產生很大的變化。產品的成長、成熟、衰退等生命週期正說明了這個道理（參考 14-1），這也表示，無論是哪個時代，人類的欲望都是不變的。**為了順應時代變化並延續、成長，企業在進行決策時必須以顧客的需求為基礎。**

決定事業願景

事業願景

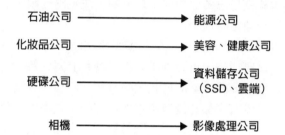

石油公司 ➞	能源公司
化妝品公司 ➞	美容、健康公司
硬碟公司 ➞	資料儲存公司（SSD、雲端）
相機 ➞	影像處理公司

事業領域

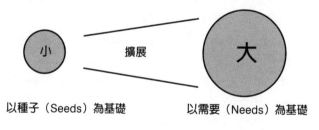

小 ——擴展——→ 大

以種子（Seeds）為基礎　　以需要（Needs）為基礎

▶ 02　事業組合

要選擇什麼事業？

　　假設已經找出幾個符合企業願景，而且是以顧客需求爲出發點的新事業，下一個步驟就是思考要如何予以分類、決定優先順序並做出選擇。這裡將介紹兩種策略框架。

　　安索夫（H. I. Ansoff）提出企業在擴張事業時，可以使用以「產品」與「市場」爲座標軸，再分別劃分爲「既有」與「新」的「**產品市場矩陣**」。這個矩陣將企業的成長策略分類爲四種，分別是：①**市場滲透策略**：提升既有產品在既有市場與顧客的市占率；②**新市場開發策略**：將既有產品銷售到新市場（國外與新的市場區隔）；③**新產品開發策略**：向既有市場與顧客銷售新產品；④**多角化經營策略**：將新產品銷售到新市場（國外與新的市場區隔）。企業在擴展事業時可以使用這個框架，從這四個方向探討市場的魅力程度、成長性、環境因素，以及公司資源等。

　　還有一個框架是透過「市場成長性」與「相對市場占有率」這兩個座標軸，對企業擁有的多項事業（事業組合）進行分類，稱爲 **BCG**（Boston Consulting Group）**矩陣**。使用 BCG 矩陣，讓企業能夠客觀思考如何有效率地分配資源，以利企業整體的擴張、成長，雖然簡單易懂，但也有人批評它的概念太過單純，因而提議將其擴充爲 GE（General Electric）矩陣，將「市場成長性」轉換爲「市場吸引力」，並將「相對市場占有率」轉換爲「專業地位／業務自身實力」。

策略分析的兩種框架

安索夫矩陣
（產品市場矩陣）

		產品 / 類別 / 事業	
		既有	新
市場·顧客	既有	市場滲透	新產品開發
	新	新市場開發	多角化

BCG 矩陣
（事業組合 / 矩陣）

		低相對市場占有率	高相對市場占有率
市場成長性	高	問題事業 Problem Child	明星事業 Star
	低	瘦狗事業 Dog	金牛事業 Cash Cow

相對市場占有率

以市場的成長性與相對市場占有率這兩個座標軸進行分類後，會呈現為圖中的四種事業類型

▶ 03　了解自己的優勢與劣勢

不必什麼都占優勢

　　SWOT 分析是企業在評估新事業時，透過矩陣將事業分類的常見工具。SWOT 是由優勢（**S**trength）、劣勢（**W**eakness）、機會（**O**pportunity）、威脅（**T**hreat）等單字的第一個字母組合而成，優勢與劣勢指的是企業的內部環境，機會與威脅指的則是與事業有關的外部環境。

　　內部環境的分析是針對企業展開一項事業的能力，以行銷、財務、製造、組織等因素分別給予評價（評分），屬於優勢能力的分數為正，劣勢則為負，並依照每個因素的重要程度賦予不同比重，計算平均值，以作為該事業的內部環境整體分數。

　　外部環境的分析則如右圖所示，包含許多的總體環境因素與個體環境因素。首先要分別對每個因素評分，評估機會的魅力程度及威脅的嚴重程度，機會的魅力程度為正，威脅的嚴重程度為負，依照因素的發生機率（這與內部環境因素的重要程度具有同等的意義）賦予不同的比重，計算出平均值，以作為外部環境的整體分數。

　　透過以上計算的內部環境與外部環境分數，就可以對列入評估的幾個新事業決定優先順序。另外，若是不同員工的評分結果有落差，就可以對每個因素深入探討其中的理由，這也有助於建立組織內部共同的思考流程。

事業的選擇（SWOT 分析）

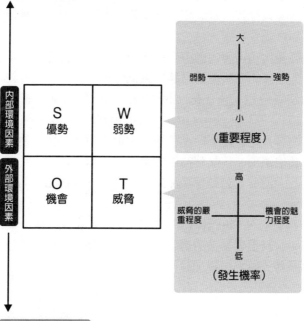

行銷因素	企業風評、市占率、顧客滿意、顧客保留、產品品質、服務品質、價格／通路／促銷活動／銷售人員／創新的有效性、涵蓋區域
財務因素	資本成本、資金籌措能力、現金流、穩定性
製造因素	規模經濟、設備、生產能力、員工能力、交期、技術能力
組織因素	領導者、員工的積極度、企業家精神、彈性／應變能力

內部環境因素

| S 優勢 | W 弱勢 |
| O 機會 | T 威脅 |

外部環境因素

大

弱勢 —— 強勢

小

（重要程度）

高

威脅的嚴重程度 —— 機會的魅力程度

低

（發生機率）

| 總體環境因素 | 政治、經濟、文化、技術、法律、自然環境等 |
| 個體環境因素 | 市場、顧客、競爭對手、供應商 |

競爭對手是誰？

使用 SWOT 分析時，必須了解目標事業的市場中，自家公司產品的競爭對象，是哪家企業的哪項產品。

定義出市場的對手以及與對方的競爭關係，就能明確知道自己應該以什麼目的加入哪個事業領域。假設企業目前所評估的新事業是苦味低酒精碳酸飲料，這項產品究竟是歸類於啤酒類、沙瓦類，還是其他飲料，都會讓企業的優勢／劣勢、機會／威脅有所不同，這樣一來不僅是事業策略與執行方式會改變，就連最初的階段，也就是是否進入市場的決策都會受到影響。

市場是由哪些次類別與次級市場所組成，分別又有哪些企業透過什麼模式競爭，這樣的分析就稱為**競爭架構分析**，分析方法有許多種，使用的指標與資料也有所不同，例如傳統的分類基準（賽車、多功能休旅車、SUV 等）、使用目的／用途（專業用或業餘用？自用或送禮？）、消費者是否對不同產品抱持相似印象（打算去迪士尼時腦海中浮現的其他選項）、品牌轉換的資料（相似品牌間容易發生品牌轉換的情況）、消費者對競爭產品的價格敏感度（在相似品牌之間）等。

這些指標都有著共同的著眼點，由於相同領域（次類別與次級市場）的產品與服務很容易被消費者認為是替代品，因此相較於不同領域的產品與服務，競爭會更加激烈。

波特的五力分析（Five Forces Analysis）

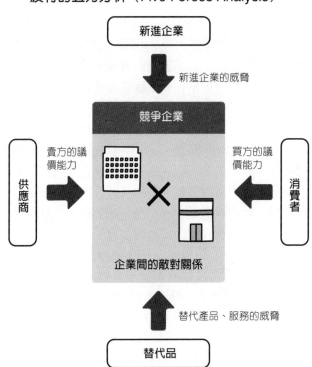

新進企業

新進企業的威脅

競爭企業

賣方的議價能力

供應商

買方的議價能力

消費者

企業間的敵對關係

替代產品、服務的威脅

替代品

從圖中我們可以得知企業面臨的競爭分為很多層面，除了相同業界的競爭企業與具有交易關係的供應商／消費者之外，企業的競爭對手還包含未來的新進企業，以及其他業界替代品的生產企業。

出處：Michael E. Porter, *Competitive Strategy*

▶ 05　評估市場機會

如何事先預測市場規模？

　　如果市場已經成熟，只要不開發新用途，需求的總量就不會增加，在這樣的零和遊戲之下，企業需要因應競爭架構，建立不同的行銷計畫。另一方面，如果市場正在成長或是還不存在，那麼了解目標市場規模會如何變化，最後會達到多大規模，換句話說，就是了解市場的潛在需求，是企業評估市場機會時不可缺少的環節。

　　這裡要介紹的是 **Bass 擴散模型**，這個模型是以**時間序列評估普及率的提升情況**，了解新的產品類別（創新）何時會受到消費者的採用（首次購買）。如果是購買週期較長的耐久財，市場營收相當於首次購買，兩者較容易形成相同的圖形，不過快速消費品的實際營收則深受重複購買所影響，因此還會需要另一個重複購買的模型。

　　「創新」在擴散（普及）的過程中存在兩種消費者，一種是自發性採用的創新者，另一種則是因周圍使用者推薦而受到影響的模仿者。以 N 代表潛在的市場規模，$F(t)$ 代表 t 時間點的普及率，假設在直到 t 時間點都未採用產品的消費者 $(1-F(t))N$ 之中，下一次會採用（購買）的創新者比率為 p，模仿者的比率為 $qF(t)$，那麼 $t+1$ 期的採用人數會是 $n(t+1)=(p+qF(t))(1-F(t))N$。如果具備最初幾期的營收資料（也就是採用人數 = $n(t+1)$），就可以推估算式的三個參數 p、q、N，因此除了潛在的市場規模 N 之外，也能夠以時間序列來預測未來的營收 $n(t)$ 與普及率 $F(t)$。

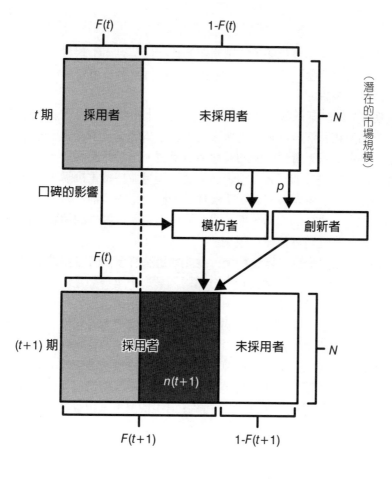

創新的擴散

▶ 01　消費者行為與行銷變數

為什麼了解消費者行為那麼重要？

近年來，行銷領域也開始使用複雜的統計模型與人工智慧（AI），判斷分析會需要哪些資料時，了解消費者的行為有多重要？以下就透過兩個例子來說明。

〔例1〕假設某個飲料類別的新產品已經上市1個月，目前正在預測未來的銷售狀況。飲料類的新產品因為價格便宜，購買的風險也比較小，許多消費者會以嘗鮮的心態嘗試購買。這項新商品以後是否真的能成功，取決於消費者是否對商品感到滿足並持續重複購買，不過可惜的是，營收資料會將首次購買與重複購買這兩種消費合併計算，並無法取得所需要的資料，而可以將兩種消費予以區別的消費者個別購買紀錄，在此時就能派上用場。

〔例2〕瀏覽購買紀錄資料後，就能知道有許多消費者持續購買同一品牌的商品。其實這種消費者分為兩個類型，第一種是極度喜愛該品牌，因此積極持續購買，另一種則是沒有特別的喜好，只是出於習慣與惰性，因此每次購買相同的產品，而企業當然會希望增加第一類的消費者。從購買紀錄的資料看來，兩種消費者的消費模式都是一樣的，不過真正忠誠的顧客，就算遇到競爭品牌降價也不會輕易轉換品牌。因此，除了購買紀錄之外，掌握當時的競爭品牌價格與促銷資訊（這些稱為**行銷變數**），就可以了解在這些情況下，消費者的品牌選擇是否產生改變。

30 秒掌握重點！

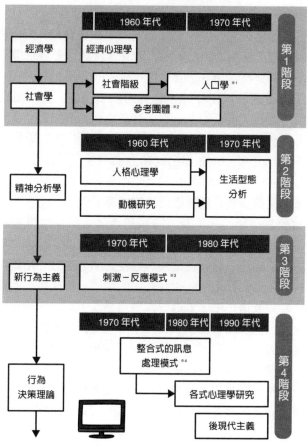

消費者行為研究的發展階段

第1階段

| | 1960 年代 | 1970 年代 |

經濟學 → 經濟心理學

社會學 → 社會階級 → 人口學 ※1

社會學 → 參考團體 ※2

第2階段

| | 1960 年代 | 1970 年代 |

精神分析學

人格心理學 → 生活型態分析

動機研究 → 生活型態分析

第3階段

| | 1970 年代 | 1980 年代 |

新行為主義 → 刺激－反應模式 ※3

第4階段

| | 1970 年代 | 1980 年代 | 1990 年代 |

行為決策理論

整合式的訊息處理模式 ※4 → 各式心理學研究

後現代主義

※1 參考 3-5
※2 對於人的價值觀、信念、態度、行為等具有強大影響的團體
※3 參考 3-2
※4 參考 3-2

說明消費行為的產生機制

　　當時的消費者行為研究領域中，有人提出了 SR（**刺激－反應模型**）模型，概念與「巴夫洛夫的狗」有點相似，是把消費者視為黑箱，觀察消費者對於行銷刺激（Stimulus）的回應（Response）。然而，在現實生活中即使投入的因素相同，也會因為不同的人與情境而有不同的產出結果，因此，後來的主流想法是必須從經濟學、社會學、心理學等多方觀點對人腦的機制（Organism）建立模型。其中，1960年代後半由 Howard 與 Sheth 提出的訊息處理模型「**S-O-R 模型**」（Stimulus-Organism-Response Model）將消費者視為訊息處理者，直到現在，這個模型依然是**消費者行為的標準框架**。

　　這個模型就如右圖所示，消費者在接觸產品／服務（實質刺激因素）、大眾傳播媒體與廣告（符號刺激因素）、口碑（社會環境刺激因素）後，決定要關注、自發性地搜尋哪些資訊，並且評估這些資訊的可信度。接著，再根據這些知覺（心中的印象）形成自己對產品屬性與品牌的態度以及信任度，並進一步對產品產生偏好與購買意願，最後決定購買。消費經驗可能讓消費者了解自己對該產品是否滿意、有什麼新發現、形成的態度，並回饋到學習建構的部分，也可能讓消費者決定在網路發表意見。

　　由於這個模型是綜合性描述消費者行為的複雜模型，多被用來當作研究個別因素的框架，而非用來預測消費者的行為。以廣告為例，透過這個模型可以研究什麼樣的訊息較容易受到注目，或是可信度比較高。

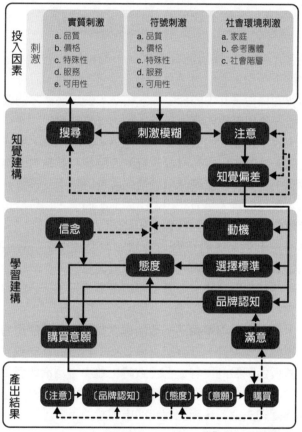

Howard-Sheth 模式（S-O-R 模型）

投入因素

刺激

實質刺激	符號刺激	社會環境刺激
a. 品質	a. 品質	a. 家庭
b. 價格	b. 價格	b. 參考團體
c. 特殊性	c. 特殊性	c. 社會階層
d. 服務	d. 服務	
e. 可用性	e. 可用性	

知覺建構

搜尋　刺激模糊　注意

知覺偏差

學習建構

信念　動機

態度　選擇標準

品牌認知

購買意願　滿意

產出結果

〔注意〕→〔品牌認知〕→〔態度〕→〔意願〕→購買

出處：Howard, Sheth (1969)

實線為資訊的流動方向，虛線則呈現回饋的效果

▶ 03 刺激與基模

什麼樣的廣告容易引人關注？

　　在資訊泛濫的現代，據說消費者每日平均接觸的廣告高達 2,000 則，不過實際上吸引消費者注意的只有其中不到 5%，而且有關注廣告內容的消費者只占了其中的極少數。因此，**要怎麼樣才能讓消費者關注資訊，進一步思考其內容**，是行銷人的首要課題。

　　對消費者來說，接收的刺激如果是自己感興趣的內容，就會關注並積極處理資訊，當廣告內容是自己想買的商品和有興趣的服務，注意力自然就會集中。另外，企圖誘發恐懼的廣告雖然不受喜愛，卻很容易留下印象，這是因為人具有「規避損失」的傾向，相較於正面的情感，對於負面感受的反應會更為強烈。

　　人在接收外部刺激時，會依照自身知識與過去經驗所產生的認知（心理學的領域中稱之為**基模**）來回應並處理資訊。

　　右圖是將關注程度與資訊處理量依照刺激與基模不一致的程度繪製而成。

　　一般來說，**刺激內容與基模不一致的程度越高，會讓使用者感到越驚訝**，關注程度也會提升，而資訊處理量在「**適度的不一致**」程度下是最多的。基模與刺激的內容完全一致時，並不會為消費者帶來新的資訊，若極度不一致，消費者會感覺內心產生衝突，並陷入自我矛盾的狀態（稱為**認知失調**），因此資訊的處理量並不多。

基模不一致與消費者的關注 / 資訊處理

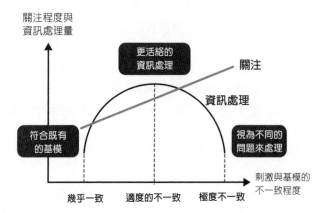

關注程度與
資訊處理量

更活絡的
資訊處理

關注

資訊處理

符合既有
的基模

視為不同的
問題來處理

刺激與基模的
不一致程度

幾乎一致　　適度的不一致　　極度不一致

✏ 圖形繪製方法

> 將關注程度和資訊處理量依照刺激與基模（依照自
> 身知識與過去經驗所形成的認知）的不一致程度繪
> 製而成

▶ 04 涉入程度與能力
興趣與知識能促進學習

在 1980 年代的資訊處理研究領域中，「涉入程度」與「知識」這兩個因子特別受到關注。涉入程度與資訊處理的動機有關，也就是資訊對自己來說是否重要且相關，知識則與是否具備相應能力處理該筆資訊有關。

從右上圖的**推敲可能性模式**（Elaboration Likelihood Model, ELM）可以看出，消費者具有動機與較好的能力時，才會採用大量思考的中央途徑仔細處理資訊，經由分析來進行決策。其他情況下大腦則會採取邊陲途徑，執行簡化的資訊處理與決策。

右下圖是將**涉入程度與知識程度對品牌選擇產生的影響**，依照資訊處理過程的差異分類而成。

知識較豐富的消費者會認知到品牌間的差異，如果涉入程度也高，就會執行複雜的資訊處理，透過各種角度來分析、評估品牌間的差異，並於取捨（平衡）後決定購買哪個品牌。

涉入程度較高，卻不了解品牌間的差異時，雖然不知道該買哪個品牌，卻也不想買了之後才後悔，因此傾向於購買最受歡迎的產品（**降低認知失調**）。

若涉入程度較低，由於消費者對產品類別本身並不感興趣，因此消費者若認為所有商品差異不大時，就會習慣性地選擇一直以來使用的品牌（**慣性型**），而消費者若意識到商品間具有差異時，就會每次購買不同品牌，**尋求多樣化**。

消費者是經過什麼樣的資訊處理後才採取行動？

推敲可能性模式（ELM）的概念圖

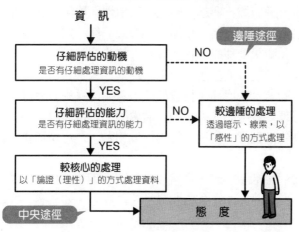

資 訊

仔細評估的動機
是否有仔細處理資訊的動機

NO → 邊陲途徑

YES

仔細評估的能力
是否有仔細處理資訊的能力

NO →

較邊陲的處理
透過暗示、線索，以「感性」的方式處理

YES

較核心的處理
以「論證（理性）」的方式處理資料

中央途徑

態 度

出處：R. E. Petty, J. T. Cacioppo, *Communication and Persuasion*, (1986)

涉入程度與知識程度對品牌選擇行為產生的影響

		消費者的涉入程度	
		高	低
品牌間的知覺差異	大	複雜的消費者行為	尋求多樣化的消費者行為
	小	降低認知失調的消費者行為	慣性型的消費者行為

出處：Assael (1987)

▶ 05　生活型態

對事物的價值觀

　　態度、需求、價值觀、興趣／關注、創新性與風險容忍度等心理因素也會影響消費行為，與前一小節的「涉入」與「知識程度」不同的是，這些因素和資訊處理的過程並沒有直接的關聯。

　　人口學中的人口統計變數包含年齡、性別、家庭人口數、家庭生活型態、所得、職業、學歷等，相較於此，對人側寫的心理特性則稱為心理變數，心理變數中的「人生觀、價值觀、習慣等個人的生活方式與型態」稱為**生活型態**，與消費行為極度相關，是行銷實務上經常分析的內容。

　　衡量消費者的生活型態時，通常會實施問卷調查，提出多個與 AIO **量表**（Activities, Interests, Opinions）、自尊心、安全感、成就感有關的問題。

　　行銷學常用的著名生活型態分析工具包含美國密西根大學調查研究中心所發展的 **LOV 量表**（List of Value），以及史丹佛研究機構根據馬斯洛（1954 年）需要層次理論與社會學概念所提出的 **VALS 架構**（Value and Lifestyle）。後者也發展出配合日本人特質而改良的 Japan-VALS（例如將 VALS 中的宗教觀相關問題刪除），將日本的消費者分類為 10 種生活型態（整合者、傳統創新者、創新者、自我創新者、傳統適應者、適應者、自我適應者、高務實者、低務實者、基本生存者）。

馬斯洛的需要層次理論

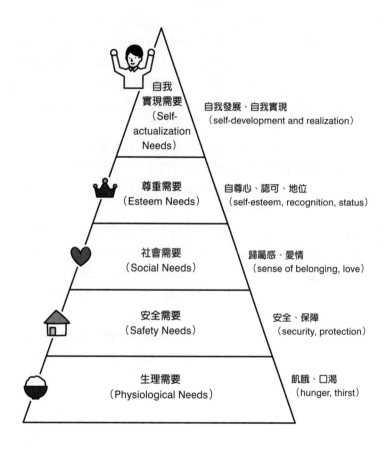

自我
實現需要
（Self-
actualization
Needs）　　　自我發展、自我實現
　　　　　　（self-development and realization）

尊重需要　　　自尊心、認可、地位
（Esteem Needs）　（self-esteem, recognition, status）

社會需要　　　歸屬感、愛情
（Social Needs）　（sense of belonging, love）

安全需要　　　安全、保障
（Safety Needs）　（security, protection）

生理需要　　　飢餓、口渴
（Physiological Needs）　（hunger, thirst）

出處：Abraham Maslow, *Motivation and Personality*

▶ 01　消費者購買決策的過程

是什麼吸引了消費者？

　　沒有將消費者（O）列入考量的 S-R 模型在使用上有其限制，這暗示了一件事，行銷時只透過機器學習分析購買與瀏覽等消費者行為紀錄並不足夠。想了解看不見的消費者內在因素時應該觀察什麼變數？這個問題必須從**購買決策過程來思考（問題察覺→資訊搜尋→評估方案→購買決策→購後行為等階段）**。不過，像是衝動購買等情況，就不必走過所有的階段。

　　分析消費者行為時，行銷人相當關注單一產品類別中的品牌競爭，因此會特別**把焦點放在品牌的選擇行為**。從右圖我們可以得知，人口統計變數與家庭、教育、生活等環境會塑造消費者的生活型態與心理特質，並影響知覺與態度。

　　而知覺與態度會進一步形成偏好（效用），舉例來說，即使認知到豐田汽車的油耗較低，更重視汽車外型的消費者也不一定會偏好豐田汽車，這樣一來，對品牌選擇產生直接影響的因素就會是消費者對於品牌的偏好與相關狀況（預算、是否有庫存），以及行銷刺激（價格、廣告、口碑、促銷等）。

　　右圖中可以看出，**人口統計特性的位置距離品牌選擇最遠**，初學者一想到市場區隔，就會傾向於使用人口統計變數，必須特別留意。

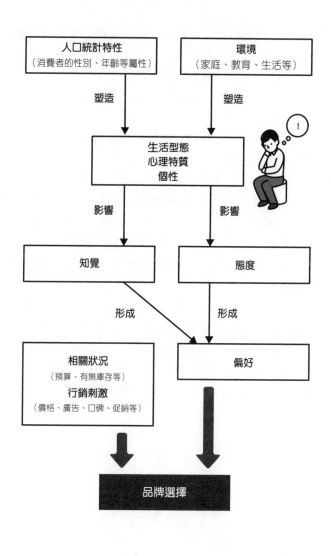

消費者購買行為分析

▶ 02　問題察覺、資訊搜尋

不滿意創造了需求

　　右上圖是各個購買決策階段中，實務上與研究時經常使用的變數。

　　購買決策過程的啓動，是因爲消費者接受內在刺激（生理需求）與外在刺激（廣告、口碑等）並察覺問題，進而產生新的需求。如果行銷人知道**什麼刺激能夠引發顧客的需求**，例如宣傳商品的新用途或透過社群媒體建立口碑，將有助於拓展市場。

　　下一個階段則是消費者爲了**解決問題開始積極搜尋資訊**，資訊來源包含私人（口碑、社群媒體等）、商業性（廣告、商家）、公共（媒體、第三方）、經驗性（親身使用經驗）來源等，同時也必須評估資訊的可信度。另外，資訊搜尋的範圍與資訊處理，就如 ELM（參考3-4）所說明，會受到消費者涉入與知識程度影響而有所不同。

　　搜尋資訊後，市場上的各式品牌（**可取得商品之總集合**）中，會有消費者知道的商品（**知曉集合**），而其中的部分商品可以滿足消費者的需求（**喚起集合**）。

　　人類用於處理資訊的資源有限（稱爲**有限理性**），因此選項較多時就必須予以篩選，篩選後的結果就是選擇集合，選擇集合包含的品牌數量可能依商品類別而異，不過我們從既有研究可以得知最多只會有二到五個。爲了讓自家品牌可以持續留在每個階段更小的集合之中，成功讓消費者購買，行銷人必須了解如何選擇並運用不同的資訊來源。

資訊搜尋

購買決策的過程與評估的變數

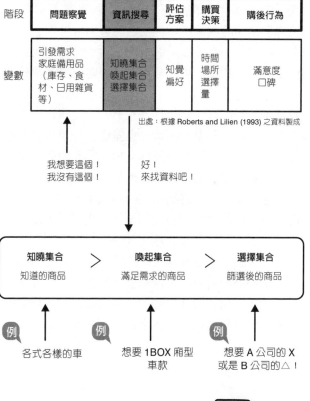

階段	問題察覺	資訊搜尋	評估方案	購買決策	購後行為
變數	引發需求 家庭備用品 （庫存、食材、日用雜貨等）	知曉集合 喚起集合 選擇集合	知覺偏好	時間場所選擇量	滿意度 口碑

出處：根據 Roberts and Lilien (1993) 之資料製成

我想要這個！
我沒有這個！

好！
來找資料吧！

知曉集合	>	喚起集合	>	選擇集合
知道的商品		滿足需求的商品		篩選後的商品

例　各式各樣的車

例　想要 1BOX 廂型車款

例　想要 A 公司的 X 或是 B 公司的 △！

49

▶ 03 知覺與評價數

品牌形象的建立

　　消費者是透過什麼基準衡量，對品牌形成知覺？將這個問題呈現為圖形後，就是所謂的**知覺圖**。

　　知覺圖的用途包含競爭架構分析（從什麼觀點來看與哪個品牌相似）、既有品牌形象與評價分析，以及新品牌的定位等。

　　建立知覺圖的時候，必須透過問卷調查了解消費者對品牌的知覺，而依據使用的資料類型，可以分為屬性基礎方法與非屬性基礎方法兩種。

　　屬性基礎方法，是從品牌各種屬性（特徵）的量測資料中，根據其相關性抽取少數幾個衡量基準（因素）為座標軸，並在圖上點出品牌的位置。這種方法的優點是，我們較容易根據問卷題目所使用的屬性與抽取因素之間的關係來定義、命名座標軸，不過若是缺乏影響消費者知覺的重要問題，很容易會畫出錯誤的知覺圖。

　　非屬性基礎方法，是將品牌相似度的相關知覺資料，以圖上品牌間的距離反映出來。這個方法並沒有指定屬性，只是詢問受試者品牌整體的相似度，因此不僅沒有遺漏屬性的風險，也不必在問題中加入難以用言語說明、不同答題者會有不同定義的屬性。使用非屬性基礎方法的困難之處在於，即使旋轉知覺圖，品牌間的距離（相似度）也不會改變，因此在沒有確定方位的情況下很難定義座標軸。

知覺圖繪製範例（使用因素分析）

【例】啤酒品牌

請受試者以：①風味較濃；②爽口；③餘味清爽；④順口；⑤口感佳；⑥風味
醇厚這六個項目對各品牌評分

受試者	品牌	風味較濃	爽口	餘味清爽	順口	口感佳	風味醇厚
1	Super Dry	2	5	4	4	3	1
	一番搾	2	3	5	3	1	1
	惠比壽	5	1	2	3	5	5
	MALT'S	4	3	4	2	2	3
2	Super Dry	2	5	3	4	3	2
	一番搾	2	3	5	3	2	1
	惠比壽	5	2	1	2	4	4
	MALT'S	4	2	3	3	2	3
3	Super Dry	1	5	3	4	2	2
	一番搾	3	4	5	3	1	1
	惠比壽	5	1	2	2	5	4
	MALT'S	4	2	3	2	3	2

※ 資料為虛構範例

繪製的知覺圖

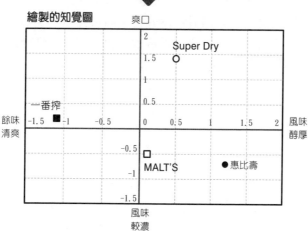

▶ 04 偏好

喜歡哪個品牌？

　　消費者爲了滿足自身的需求，會將產品與服務看成屬性的總和，並根據可以從中獲得的利益形成偏好，再判斷是否購買。根據將偏好量化的經濟學概念——「效用」，偏好的形成可以分爲兩種類型。

　　第一個類型是品牌表現較差的屬性可以透過其他表現較好的屬性彌補，稱爲「**補償性模式**」。即使品質不佳，但是價格夠低，消費者對於該產品的偏好程度一樣會增加。補償模式中最具代表性的方法有加權模式，也就是以各個屬性對於偏好形成的重要程度，將各屬性可以爲消費者帶來的好處（稱爲成分效用）加權計算，以算出效用。

　　第二個類型是品牌的缺點不會受到其他優點所彌補而提升消費者偏好，因此稱爲「**非補償性模式**」，主要的偏好形成方法包含連結模式、分離模式，以及低標刪除模式。**連結模式**是所有應評估的屬性都達到需求標準，才會列入偏好品牌。**分離模式**是至少有一個屬性完全達到需求標準，才會將品牌列爲偏好品牌。而**低標刪除模式**則是將重視的屬性排出優先順序，將未達需求標準的品牌刪除。

　　有時候補償性模式與非補償性模式也會同時使用，例如選擇太多時，爲了減輕資訊處理的負擔，經常會先使用非補償性模式進行篩選，再對剩下的選項採用補償性模式來計算效用。

4

補償性／非補償性模式的計算範例

評分比較表（總分 1~10）

電腦品牌	記憶體容量	顯示卡的記憶體容量	軟體可用性	價格
A	10	7	6	8
B	8	8	8	3
C	6	8	10	5
D	4	3	7	8

偏好的形成方法

必要條件（連結模式）	7 以上	6 以上	7 以上	2 以上
必要條件（分離模式）	9 以上	9 以上	9 以上	9 以上
優先順序（低標刪除模式）	第三名	第四名	第二名	第一名

會選擇哪一個？

如果是連結模式，要選擇滿足所有必要條件的選項
→「B」
如果是分離模式，滿足其中一個必要條件就可以選
→「A」或「C」
如果是低標刪除模式，首先要以價格評分，如果分數相同，再以軟體評分
→「D」

▶ 05　顧客滿意

曾經購買的顧客極具影響力

　　隨著網路的發達，顧客在購買產品、服務後的行為，比起以前影響力大幅提升。感到滿意的顧客不僅很可能會再次購買，就如「**滿意的顧客是最好的廣告**」這句話，顧客在社群軟體與朋友間的正面評價可能會促進其他消費者的購買。反之，感到不滿的顧客會退貨或傳遞負面的評價，或是尋求法律途徑提出申訴與訴訟。

　　因此，近年來許多企業將**顧客滿意**（Customer Satisfaction, CS）納入業績指標，例如日本公益財團法人「日本生產性本部」從 2009 年度起每年透過大規模的問卷調查，實施可以跨業種比較、分析的「日本版顧客滿意度調查」。

　　顧客滿意是建構在購買後的知覺績效（價值）以及購買前預期之間的差距。通常，消費者對於高價的產品與服務會抱持較高的期待，如果產品的實際績效沒有超過價格，就無法提升滿意度。不過，為了吸引顧客購買，而透過誇大的廣告讓消費者對商品抱有過高的期待，也可能導致客戶的不滿意，因此要將消費者的期待提升到什麼程度，是企業必須拿捏的部分。有些企業為了提升滿意度，也會傳送祝福訊息（DM）給購買後的顧客。此外，「銷售第一名」這種廣告訊息不僅能吸引潛在顧客，也可以給予已經購買的顧客信心，告訴顧客「你的選擇是對的」，具有提升滿意度的效果。

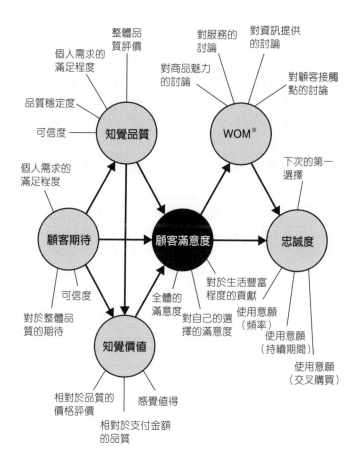

JCSI（Japan Customer Satisfaction Index）
的顧客滿意度因果模型

※Word-of-Mouth 指的是口碑，也就是與他人談論時，會以肯定的方式或否定的方式談論

▶ 01　資料的蒐集方法

資料蒐集是最重要的

　　行銷資料的蒐集方法，大約可以分為：①公司內部紀錄；②行銷情報蒐集；③行銷研究這三種。

　　公司內部紀錄是企業從日常業務中所蒐集的資料，包含訂單、銷售資料、供應商的訂單與交貨資料、客戶資料等。**行銷情報蒐集**則是企業為了提升決策的品質與效率，每日有組織且系統性地蒐集業界與競爭對手動態、現場的需求與課題、政治與經濟、技術等外部環境相關資訊，這些資訊的獲取管道除了大眾傳播媒體、網路、圖書館以外，還有業務與銷售負責窗口、物流業者、經銷商、零售業者等企業媒介，以及業界的刊物與展示會、競爭對手、市調公司與智庫的調查報告等。

　　以上兩種方式，企業平時也會運用在製造、會計、人事等行銷以外的部門，如果是針對特定行銷議題與決策所需要的資料，就必須透過**行銷研究**來蒐集。資料可以分為兩種，一種是為了特定調查目的而蒐集的初級資料，另一種是因為別的目的所蒐集，已經存在的次級資料。進行行銷研究時，會先評估公司內部紀錄與行銷情報蒐集所累積的公司內、外部之次級資料，如果資料還是不足，再以蒐集初級資料的方式，從公司內、外部尋找合適的新資料。初級資料的例子有顧客問卷調查，以及觀察商店情況的神祕客等。

行銷資料的蒐集方式

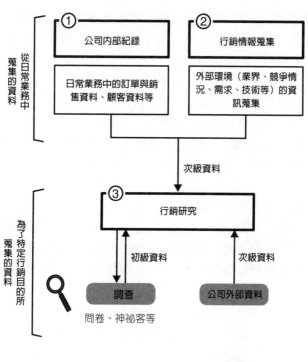

從日常業務中蒐集的資料

① 公司內部紀錄
日常業務中的訂單與銷售資料、顧客資料等

② 行銷情報蒐集
外部環境（業界、競爭情況、需求、技術等）的資訊蒐集

次級資料

為了特定行銷目的所蒐集的資料

③ 行銷研究

初級資料

調查
問卷、神祕客等

次級資料

公司外部資料

5

行銷研究

取得資料的三種方式

　　在調查的最初階段要找出特定問題，並明確指出調查的目的。依照調查目的可以將研究大致區分為三種：①**探索性研究**以明確指出問題本質，創造出新的決策選項與構想為目的；②**敘述性研究**將重點放在掌握市場與顧客的狀況；③**因果性研究**會推導原因與結果的關聯性，這些分類能為未來研究計畫確立方向。

　　調查方法則可以分為訪問法、觀察法、實驗法這三個類型。

　　訪問法指的是問卷調查，包含透過留置調查、郵寄、電話、網路等方式讓受訪者回答，或是在購物中心等場所舉行一對一與小組訪談等。

　　觀察法指的是蒐集顧客的購買紀錄與資料查詢的行為。關於購買紀錄的蒐集，如果是網路購物，伺服器上自然會有紀錄，如果是實體購物，就可以透過點數卡等方式蒐集。而顧客的資料查詢行為則可以透過網路上的網頁瀏覽紀錄、商店內設置的監視器，以及由調查人員觀察的消費者行為等方式蒐集資料。其他方法還有民族誌研究法，是貼近消費者的生活，觀察消費者一天下來的商品使用情況。

　　如果使用觀察法，就可以避免採用訪問法所產生的無意或有意的回應偏差，不過像人的意識這種無法觀察的資料，就無法蒐集。

　　而**實驗法**主要是用科學的方式驗證因果關係，只改變可能影響結果的因素，其他條件維持不變，藉此觀察結果的差異。不過，如果採用實驗法，則能夠同時改變的因素數量有限。

行銷研究的流程與調查方法

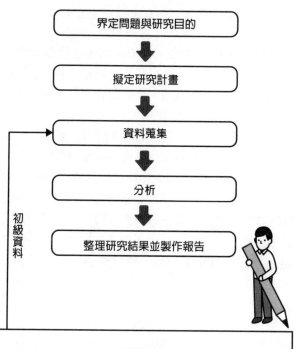

界定問題與研究目的

擬定研究計畫

資料蒐集

分析

整理研究結果並製作報告

初級資料

研究方法

訪問法 訪問（訪談、街訪、店鋪、集體）電話、郵寄、留置調查
（日誌調查：例如商品的使用紀錄等）、網路

觀察法 參與觀察法（會與觀察對象接觸）
非參與觀察法（不與觀察對象接觸，像是神祕客等）

實驗法 現場實驗（行銷測試）
實驗室實驗（例如設定模擬賣場）

▶ 03 問卷調查

如何才能得到有幫助的意見？

　　行銷學中最常見的初級資料蒐集方法大概就是**問卷調查**了，製作問卷時，為了提升問卷回收率並減少回答的偏差，會需要**仔細設計問題內容、形式（自由敘述、選擇題、尺度選擇等）、說法與用詞、順序、格式等**。

　　如果是選擇題，解釋與分析受訪者的回答時會比較容易，如果是自由敘述，由於答案沒有限制，因此有機會獲得預期外的見解。另外，也應該避免使用含有暗示意味的說法與用詞，例如「便宜」這個詞除了價格之外，有時候也帶有「廉價且品質較差」的意思。至於設計問題的順序，有趣的項目應該要放在最前面，難以回答或是涉及個人資料的問題要放在最後。

　　由於問卷是該領域的專家所製作，經常會發生一般受訪者不理解問題的情況，因此在正式調查之前，一定要先對少數對象進行問卷前測，藉此確認並修正問題。

　　還有一個常見的行銷研究方式是**團體訪談法**，也稱為焦點團體訪談。與一對一的訪談不同，團體訪談法的目的是透過參與者之間的交互作用，獲得更深入的見解，為了讓參加者擁有充分的發言機會，通常會控制人數為 5 到 10 人。這種調查方式中，**主持人扮演的角色尤其重要**，主持人必須對議題具備豐富的知識，適度提出問題，讓討論更加熱烈，在引導參加人員說出真實想法與產生新見解的同時，也必須避免偏離主題，相當需要領導的技巧。

主持人在團體訪談中的角色

不理想的訪談模式

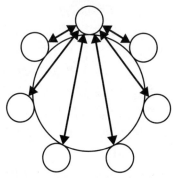

理想的訪談模式

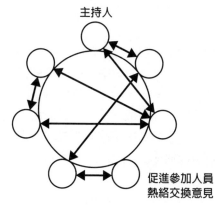

促進參加人員
熱絡交換意見

擬定研究計畫與資料蒐集

　　根據研究時間點與研究對象群體之數量為單一或多個，可以將研究計畫分類如右圖。如果是為了導入新產品而進行的市場調查，就是單一時間點，如果是持續調查品牌形象的變化，就是多個時間點。此外，比較不同的市場與顧客，則是對多個群體展開調查。

　　蒐集初級資料時，就要建立抽樣計畫，首先要決定研究對象，也就是母群體是誰。舉例來說，執行某條公車路線的顧客滿意度調查時，要將母群體設定為使用公車路線的乘客，還是要納入非乘客的鄰近居民，將大幅影響研究的結果。如果研究的重心在於現況的乘客，就選擇前者，如果是關注公車路線的潛在需求，就選擇後者。

　　接著要決定如何從母群體抽取樣本。

　　隨機抽樣法是讓樣本的選擇盡可能公平且有效率的方法。通常樣本越大，越能正確推估母群體的特性，而且隨機抽樣法是以統計理論為基礎，因此可以推導出推估內容的誤差。反過來說，如果希望推估的母群體特性具有一定的準確度，就可以決定出樣本大小，也就是所需要的回答人數。

　　如果採用簡單隨機抽樣的方式進行家戶訪問，樣本家庭會散落在各個不同區域，影響資料蒐集的效率，因此這種情況下會採用**分層隨機抽樣**，先隨機抽出行政區域，再從行政區域中隨機抽出樣本家庭。如果難以找出研究樣本進行隨機抽樣，可以使用**非隨機抽樣法**，雖然不具統計上的準確度，但像是用來建立假說的探索性研究以及團體訪談，就可以使用非隨機抽樣法。

研究計畫的建立方法與抽樣計畫

依照時間軸、研究對象的群體數將研究設計分類

	研究對象	
	單一群體	複數群體
單一時間點	**橫斷面研究** 只對單一群體調查 一次的研究 例：促銷活動認知調查	**比較研究** 在同一時間點以相同調查項 目研究多個群體 例：區域比較調查
複數時間點	**長期追蹤研究** 反覆對同一對象進行研究 例：餐桌菜單調查	**綜合性研究** 選定不同時間點，對群體展 開相同的研究 例：年度品牌形象調查

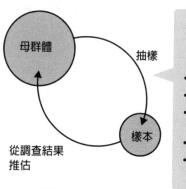

母群體

抽樣

樣本

從調查結果
推估

抽樣調查的概念

決定樣本數時的考慮因素

- 預算
- 時間
- 是否有可以用於分析的
  屬性與屬性的個數
- 需求的準確度
- 調查內容與預期的回答
  分布

日益進步的行銷研究

　　隨著 IT 技術的進步，行銷研究的資料蒐集方式也隨之進化。記錄著商店中每項商品銷售情況的 **POS 系統資料**，透過點數卡的機制，進化為**一筆筆附帶 ID 的消費資料**。

　　只要使用這份資料，就能區別購買新產品的客戶是首次購買或是重複購買，或是了解個別消費者的品牌轉移模式。此外，像是日本 Intage 等市場調查公司也提供可攜式商品條碼掃描器給受訪家庭，即使商店沒有點數卡的機制，也可以掌握消費者在商店的購物情況。

　　最近像是**神經行銷學**這種蒐集、分析消費者生理反應的研究也越來越普遍，近年來會使用眼動追蹤觀察消費者注視與著重的內容、透過功能性磁振造影（fMRI）觀察腦中反應活絡的部位，以及使用多種波動描寫器觀察脈搏、腦波、心電圖、血壓等多種生理現象，藉此分析並蒐集消費者無意識的反應或是無法從訪問法得知的資料。

　　有一種研究手法可以推導出消費者本身沒有意識到的深層心理，稱為**「階梯法」**，是以心理學家古特曼（Guttman）的方法目的鏈理論為依據。這種研究方法是透過不斷詢問受訪者「為什麼這對你很重要」一步步抽絲剝繭，了解商品與服務屬性在功能上的好處，甚至是情感上的好處，最後導向消費者的價值觀，建構出一座從具體走向抽象的「階梯」。

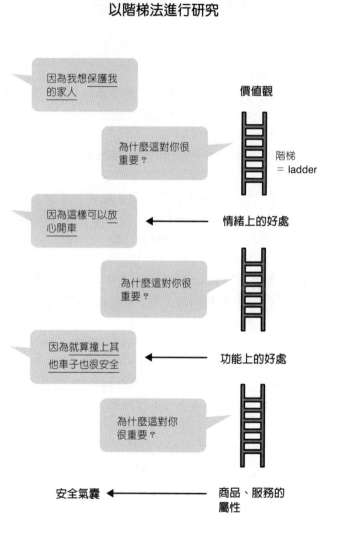

以階梯法進行研究

想「討好所有人」反而「無法討好任何人」

如果每個消費者的特質相同，那麼企業要是能夠大量且有效率地生產能讓這些顧客的滿意度最大化之產品與服務，就可以享受規模經濟效益，並獨占市場。

然而，在行銷的基本概念中，每個消費者都是不同的，需求也有所不同。

要將每個需求不同的顧客滿意度最大化，最有效果的方式就是滿足個別顧客的需求，也稱爲**一對一行銷**。近年來 IT 技術的發展，讓一對一行銷的可能性提升，否則一般來說一對一行銷的人力與成本太高，執行起來並不實際。

因此，我們需要將具有相似需求的顧客分爲一組，**進行市場區隔**。相較於對整個市場採取相同模式的大眾行銷，以及滿足個別顧客需求的一對一行銷，市場區隔是個折衷的做法。

接著會**選擇目標市場**，企業會根據各項條件選擇目標的市場區隔（可以選擇多個）。

接下來會進行**定位**，爲了提升各個市場區隔的顧客滿意度，必須決定產品的定位，像是能帶給消費者什麼樣的價值與好處、應該如何與競爭對手差異化等。

有效的市場區隔有幾個必要條件，那就是各個市場區隔的：①可衡量性（規模、需求、需要、滿意度等是否可以衡量）；②可接近性（銷售通路與廣告能否進入該市場區隔）；③足量性（市場區隔的規模是否足以讓企業獲利）；④可行動性（能否發展有效的行銷計畫）。

STP 流程

**S
市場區隔**

- 依需求劃分不同的市場區隔
- 透過輪廓描繪，掌握每個市場區隔的特性，評估接近市場區隔顧客的方法
- 不要直接採用人口學（性別、年齡、居住區域、職業等人口統計變數）的概念區隔市場
  - ➡即使人口統計變數相同，需求也可能有極大的差異
  - ➡市場區隔的數量會太多

**T
選擇目標市場**

- 透過 SWOT 分析，評估各個市場區隔的魅力程度
- 選擇目標市場，決定資源分配
- 辨識屬於目標市場的顧客（區別分析）

**P
定位**

- 決定產品的定位
  - ➡要提供什麼價值與好處給顧客？
  - ➡怎麼與競爭者差異化？

STP 的具體例子請參考 1-4 Askul 公司的案例

掌握主要顧客的特徵

　　進行市場區隔時，沒有經驗的人最容易犯的錯誤，是直接採用人口統計變數劃分市場，例如性別、年齡、年收入等。

　　這麼做會產生一個問題，**即使顧客的性別、年齡相同，需求也可能存在極大差異**，而且使用的屬性數量越多，市場區隔的數量也會呈現幾何級數的成長。

　　光是性別（男女）與年齡（10、20、30、40、50、60 幾歲）屬性，就會形成 12 個市場區隔。

　　由於市場區隔的目的是提升顧客滿意度，**因此依照需求劃分市場是相當重要的。**

　　抽取出需求不同的市場區隔之後，下一個步驟就是**輪廓描繪**（Profiling），透過這個步驟掌握各個市場區隔的顧客特徵，之後在選擇目標市場與定位時，會有很大的幫助。

　　如右圖，輪廓描繪所使用的變數可以概分為兩種，**顧客特性**與**消費行為特性**。

　　前者包含人口統計變數、地理變數、心理變數，後者的消費行為特性則包含消費模式、忠誠度、價格敏感度，以及對促銷活動的反應等。

輪廓描繪的市場區隔變數

顧客特性

人口統計變數（人口層面）

性別、年齡、職業、收入、家庭結構、人生階段、
種族、教育水準、年齡層、社會階層等

地理變數（地理層面）

居住地區、國情差異、文化、氣候、人口密度等

心理變數（心理層面）

生活型態、價值觀、個性、宗教等

消費行為特性

行為變數（行為層面）

消費模式（輕度使用者、重度使用者）、忠誠度、
價格敏感度、對促銷活動的反應等

消費者希望頭痛藥「溫和不傷胃」還是「具有止痛效果」？

　　為了具體說明怎麼進行市場區隔與描繪特性，接下來將介紹一個頭痛藥的例子。

　　首先將透過自由作答與群體訪談進行探索性研究，從中問出顧客對頭痛藥有什麼樣的需求，假設主要的需求有「止痛效果」與「溫和不傷胃」。

　　接下來透過問卷詢問受試者這些需求的重要程度，並了解顧客特性與消費行為特性。對與需求有關的問題進行集群分析（Cluster Analysis）後，**就能將需求相似的受試者歸類為同一個市場區隔**。

　　右圖中，市場區隔 A 更重視「溫和不傷胃」，市場區隔 B 則認為「止痛效果」更重要。

　　最終的市場區隔數量會考量以下四點再決定，分別是：①市場區隔顧客同質性的統計判斷基準；②商業上的利益與成本；③接觸市場區隔顧客以及差異化的容易度；④說明時合乎商業邏輯的容易度，不過，市場區隔的數量很少會超過 10 個。

　　輪廓描繪則是將剛才從問卷中得到的**顧客特性**與**消費行為特性**資料，與顧客所屬的市場區隔建立關聯性。

　　最具代表性的做法是統計學的區別分析，以及機器學習的決策樹。右圖中，市場區隔 A 的顧客高齡且低所得，市場區隔 B 的顧客則是中間年齡層且收入中等。這裡為了不要太過複雜，只採用了兩種顧客特性，實際上購買頻率與媒體接觸狀況等消費行為特性，在擬定策略時都是非常重要的因素。

頭痛藥的例子

STEP1　市場區隔

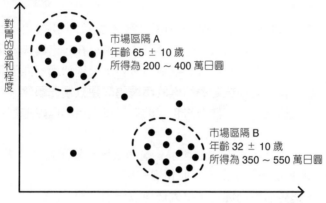

對胃的溫和程度

市場區隔 A
年齡 65 ± 10 歲
所得為 200 ~ 400 萬日圓

市場區隔 B
年齡 32 ± 10 歲
所得為 350 ~ 550 萬日圓

止痛效果

STEP2　輪廓描繪

方法 1

統計的區別分析
對能夠有效劃分市場區隔的輪廓描繪變數
估算加權和（參考 17-2）

方法 2

機器學習的決策樹
逐步探索能夠有效劃分市場區隔的輪廓描
繪變數（參考 17-2）

▶ 04 選擇目標市場
決定主要的客群

「設定明確目標」的意思是明確訂出要以什麼需求的市場區隔作為行銷活動對象。

選擇事業領域時使用的 SWOT 分析（參考 2-3），用在這裡的市場區隔也相當有效。實際的做法是將企業內部環境在各市場區隔中的優勢與劣勢，以及事業外部環境的機會與威脅，分別透過不同因素衡量並整合評估，藉此**對應設定為目標的市場區隔建立優先順序**。選擇多個市場區隔的情況下，這個做法也有助於對每個市場區隔進行資源分配。

此外，為了掌握市場區隔內競爭架構而繪製的**知覺圖**（參考 4-3、7-2）也關係到之後的定位，因此相當有幫助。

如右圖，**選擇目標市場的策略大概可以分為六種。**

首先是全市場涵蓋（滿足所有顧客群的需求），分為以單一產品提供給所有市場區隔的無差異行銷，以及對每個市場區隔提供不同產品的差異行銷，是兩種極端的類型。前者最典型的例子是黑色 T 型的福特汽車，不過這種做法在現代成熟的經濟環境下相當罕見。而其餘的四種模式則以市場區隔（市場）與產品是單一或是多個來進行分類。

最後，選擇目標市場也等於是明確指出並非行銷對象的市場區隔，在競爭激烈的市場之中，若是每一方都想討好，企業是無法生存下去的，企業在某種程度上，必須將非目標客群的不滿意排除在考量之外。

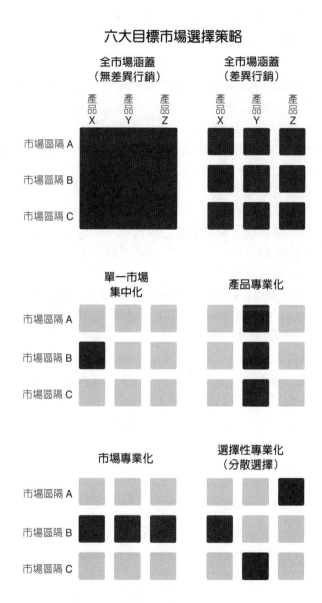

六大目標市場選擇策略

▶ 05　定位

建立必須依循的準則

　　「面對目標客群的需求，要提供什麼樣的價值才能將顧客滿意度最大化？」定位就是找出這個答案的過程，因此企業必須要提出明確的理由，為什麼顧客要買自己的產品，而不是競爭對手的產品。由於定位相當重要，因此也稱為**定位策略**，在知覺圖上描繪的產品定位只是其中的一部分，兩個用語有時是有所分別的。

　　法拉利的高性能與賽車傳奇、勞力士的精湛工藝與高貴形象、Coach 的品質與設計，都讓我們了解到**最有效的定位，就是建立自己獨特的地位，讓其他公司無法模仿與競爭**，這其實就相當於在知覺圖中加入一個新的座標軸。建立新座標軸時，產品屬性（可以擦掉的原子筆）、好處（抗敏感牙膏）、用途（專業用、針對高齡人士）、TPO（時間地點場合，如早上的罐裝咖啡、星期五就要喝 The PREMIUM MALT'S 啤酒）、新的產品類別（可以開去任何地方的電動汽車）等都是相當有效的觀點。

　　然而，就如同俗話說的「知易行難」，剛才所列舉的企業對於產品、價格、廣告與促銷、通路等所有 4P 策略投入大量的時間與心力，才造就其他公司無法模仿的獨特定位。

　　如果無法建立自己的獨特定位，就必須與其他企業在同一市場區隔中展開競爭。

定位的概念

對顧客的需求提供什麼
樣的價值，才能將顧客
滿意度最大化？ ➡ 確立概念

 ⟨ 提出明確理由，
為什麼顧客應該
要買這項產品？

⬇

 定位

理想的情況是建立其他公司無法
模仿的獨特地位（定位），但是
實際上難度很高

如何在市場「勝出」？

　　同一市場與市場區隔中的多家企業，可以根據競爭地位與扮演的角色分為四類，分別是擁有最高市占率的市場領導者、第二到第三名的市場挑戰者、追隨領先企業的市場追隨者，還有以特定較小市場區隔與領域為目標的市場利基者。

　　市場領導者為了保持市占率並設法擴大，會採取以所有客群為對象的全市場涵蓋策略。在競爭對手加入新的市場區隔與產品後，也會採取同質化的策略，先充分確認該產品的魅力程度，再使用強大的 4P 行銷資源，以類似產品奪回市占率。如果擁有最高的市占率，那麼整體市場擴大時，受益最多的也是市場領導者，市場領導者要讓市場擴大的方法有三種，分別是開發新客戶、提議新的產品用途，以及增加使用量。另外，輕易展開價格競爭可能導致整體市場走向低利潤，一般來說市場領導者不會主動採取這樣的策略。

　　市場挑戰者追求差異化，並徹底向顧客宣傳差異點，藉此威脅市場領導者。同時也會對市占率較低、財力不夠的企業與小型地方企業展開攻擊。

　　市場追隨者是市場的後進者，會避免採用創新做法，以節約創新與開發市場的成本。除此之外，也會主張自己是業界的前兩大、三大，或是四大企業，將自己提升至與其他領導企業同等的地位，有時候也會採取 OEM 與 PB 等委託製造的策略。

　　市場利基者的目標市場，從規模與市場特殊性觀點看來對其他企業並沒有魅力，而市場利基者的策略是成為這個小型市場區隔的領導者。

依照市場地位採取不同的策略模式

		市場領導者	市場挑戰者	市場追隨者	市場利基者
策略課題		擴大市場規模與市占率	市占率	利潤	利潤、風評
基本策略方針		全方位	與領導者差異化	模仿	集中
行銷組合策略	產品	全產品線	與領導者差異化	中、低階產品線	特定產品線，中高品質以上
	價格	中、高價位	能夠差異化的價格	低價位	約為中、高價位
	通路	開放型	與領導者差異化	價格取向的通路	限定、特殊通路
	推廣	中、高階	與領導者差異化	低階	集中於特定的市場區隔與訴求

市場領導者對所有對象採取全市場涵蓋策略

市場的後進者，會節省創新、市場開拓成本

追求差異化，並徹底向顧客宣揚差異點

目標是在指定市場區隔成為小的領導者

▶ 07　制定戰術

與策略相符的行銷戰術

　　完成 STP 之後，為了達成行銷目的，就必須搭配 4P（也稱為行銷組合），整合出與策略一致的行銷戰術，並予以執行。

　　產品（Product）方面，除了功能與使用的好處之外，也要決定設計、包裝、大小與容量、銷售單位等。還有要建立什麼樣的產品線（基本款與版本）？建立幾個？以及各個產品線中要提供哪些品項（差異與口味）等，這些產品組合（搭配）的廣度與深度也必須決定。

　　通路（Place）則是要決定通路結構的長度與廣度，例如是否經由中間業者（批發商），要直接販售還是透過經銷商（dealer）等，並且也必須決定銷售通路、種類（實體店鋪、網路、人員銷售）、商店型態（百貨公司、超市）等。

　　價格（Price）則必須將產品尺寸、容量、銷售單位與通路特性列入考量，再予以設定。

　　推廣（Promotion）包含與訴求內容有關的廣告創意、使用媒體、媒體規劃、促銷活動計畫等。

　　這些行銷組合不只要與策略（目的）相符，不同的戰術間也必須維持一致性。

　　最後才要實施擬定的戰術，實施後必須經常評估目的與實際情況是否有所偏離、隨時回饋意見，以持續修正軌道並管理。

結合行銷 4P，擬定策略

P roduct　產品

功能與好處、設計與包裝、尺寸與容量、銷售單位、產品組合的廣度與深度

P lace　通路

通路結構的長度與廣度、銷售通路、種類（實體店鋪、網路、人員銷售）與商店型態（百貨公司、超市）

P rice　價格

考量產品尺寸、容量、銷售單位與通路特性後再決定

P romotion　推廣

與訴求內容有關的廣告創意、使用媒體、媒體規劃、促銷活動計畫

行銷戰術的擬定與實施、管理

【第 2 部重點詞彙】

▼新產品開發的流程

通常是：①創意發想→②構想的評估與篩選→③產品概念開發→④擬定行銷策略並進行商業分析→⑤產品設計開發→⑥測試→⑦商品化

▼訂價

即價格設定。重要的影響因素有三個，分別是成本、需求、競爭。依據企業的重視程度，可以分為成本取向、競爭取向、需求取向。決定訂價時必須與策略具一致性。

▼保留價格

企業認為消費者願意支付的價格。保留價格因人而異，如果價格低於保留價格，消費者就會購買商品。

▼ AIDA

消費者反應的步驟。消費者先注意（Attention, A）到產品、服務，進而產生興趣（Interest, I），如果沒有覺得想要（Desire, D），就不會決定採取購買行動（Action, A）。

▼整合性行銷溝通（IMC）

產品開發部門、廣告部門、業務部門、公關部門不各自分散，而是運用與消費者之間每個接觸點的特色，跨部門計畫、執行具整體性的行銷溝通組合。

▼促銷活動（Sales Promotion, SP）

為了直接改變人的行為（購買），而提供客戶誘因。可以分為三類，分別是消費者促銷、中間商促銷，以及零售商促銷。

▼行銷通路

商品從生產者傳遞到消費者手中的轉移途徑。通路主要具有銷售、配送、服務這三個功能，為消費者帶來許多好處。通路結構能夠以長度和廣度來定義。

▼垂直行銷系統（VMS）

製造商、批發業者、零售業者以各種型態結合，成為一個整合的通路系統並受到管理。依照通路企業成員間的整合型態，可以分為企業式、契約式、管理式三個型態。

▼商品計畫（Merchandising, MD）

零售業者為了將合適的商品放在合適的位置（賣場、層架），以合適的價格在合適的時機供應，透過行銷 4P 來建構、調配，並管理商品類別。

▼行銷測試

進行銷售測試，以評估新事業、新產品的成敗風險，並於產品導入市場前就對策略與計畫進行修正、變更。分為標準試銷、模擬試銷、控制試銷三種。

▶ 01 產品設計

符合 STP 的產品設計

以 4P 達成 STP 策略這個基礎的行銷概念，將產品所提供的核心部分視爲「利益（Benefit）的集合」，而這是個相當有用的觀念。

擬定產品戰術時，第一個步驟就是如何將利益與具體的產品屬性連結。有許多方法能夠根據階層式的結構，將消費者心中抽象的價值轉換爲具體的產品屬性，先前曾經介紹的是階梯法（參考 5-5），另一個重要的方法則是將屬性空間配置於知覺圖上。

除了核心部分，再加上包裝、品牌名稱、尺寸 / 容量、品質等產品型態，以及運送、安裝、產品保證、售後服務等延伸產品，所有因素綜合之下，會對消費者的購買決策產生影響。也就是說，**產品設計的核心部分、產品型態、延伸產品等所有因素，都必須貫徹 STP 的策略**。

而在產品戰術中，產品組合也相當重要，企業透過產品利益的相似性，將產品類別中的所有產品分類爲不同的「產品線」，再透過產品線中的產品差異性，進一步細分爲不同的「產品項目」，採用與 STP 一致的觀點來管理。

產品線越多，就能滿足越多需求不同的市場區隔，而產品項目越多，就能滿足市場區隔中需求有些微不同的族群。不過，增加「產品線」與「產品項目」，也可能導致產品形象淡化、蠶食（Cannibalization），以及經營效率低落等風險，因此管理上會更加困難。

擬定產品戰術

【產品的三個層次】

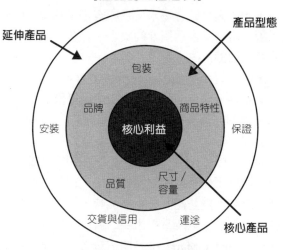

延伸產品

產品型態

包裝

品牌　　　商品特性

安裝　　核心利益　　保證

品質　　尺寸/
容量

交貨與信用　　運送

核心產品

【產品線與產品項目】

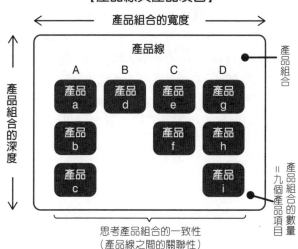

產品組合的寬度

產品線

產品組合

A　　B　　C　　D

產品
a　　產品
d　　產品
e　　產品
g

產品
b　　　　　產品
f　　產品
h

產品
c　　　　　　　　產品
i

產品組合的數量
＝九個產品項目

產品組合的深度

思考產品組合的一致性
（產品線之間的關聯性）

▶ 02　屬性空間

產品是「屬性的集合」

有了產品屬性，才能滿足顧客需求，為顧客帶來利益，因此分析產品時，使用**知覺圖**，將產品視為屬性的集合，在多維屬性空間定位產品、服務，**是很有幫助的。**

右上圖是使用屬性基礎法中的因素分析（參考 4-3）繪製之「關東近郊主題樂園」知覺圖。向量（箭頭）代表主題樂園的屬性，整理於圖上之後，橫軸可以解釋為流行導向 vs. 傳統導向，縱軸則可以解釋為娛樂導向 vs. 自然導向。

從各個主題樂園在圖上的位置可以了解主題樂園的屬性特徵、在顧客心中的形象、提供了什麼樣的利益與價值，相較於競爭對手的優勢、劣勢。另外，以屬性為基礎開發新產品時，也可以運用知覺圖進行產品概念的發想與驗證，以及掌握市場的競爭架構等。

聯合空間圖（Joint Space Map）則是將消費者偏好繪製於同一個屬性空間，這樣一來**就能知道顧客重視哪一個屬性。**推測消費者的偏好時有兩種方式，第一種是建構知覺圖時，在因素分析的變數中加上「偏好」這個新屬性，即內部分析，另一種則是對各個產品蒐集顧客偏好資料，再推測與資料最相符的向量，即外部分析。

另外，如果消費者之間的偏好差異太大，就可以針對每個市場區隔分別推測「偏好」向量。右下圖的聯合空間圖描繪了每位消費者對於汽車品牌的「偏好」向量，這個方式對一對一行銷（參考 15-1）相當有效。

知覺圖與聯合空間圖

關東近郊主題樂園知覺圖

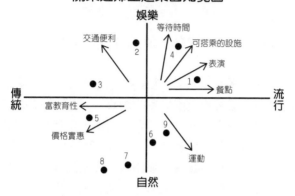

（例）1 東京迪士尼樂園　2 東京 Joypolis 主題樂園　3 淺草花屋敷遊樂園
4 富士急高原樂園　5 東武動物園　6 鴨川海洋世界　7 母親牧場　8 安徒生公園
9 東武世界廣場

聯合空間圖
（二維知覺圖）

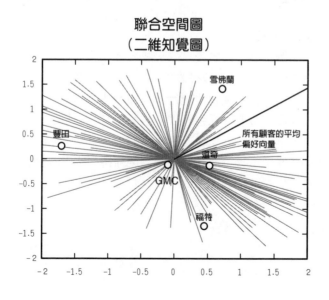

▶ 03　新產品開發流程（1）

創造熱銷商品，而不是銷售生產的商品

新產品的開發，包含服務開發，通常會經過右圖中的流程。

①創意發想

要從需求取向與種子（Seeds，企業擁有的技術、材料與服務）取向的兩個角度思考，盡可能找出更多的構想。發想時要想著潛在市場的需求，在既有顧客的框架外發掘需要與欲望，這時候以領先使用者與重度使用者為對象進行焦點團體訪談（群體訪談，參考 5-3）特別有效。其他資訊來源還有供應商、通路商、經銷商等交易企業，以及追蹤競爭產品與其他領域的產業動向等，甚至近年來的電子布告欄、使用者群組、社群網站等，也都是有用的資訊來源。公司內的資訊來源，像是研發部門的技術人員、業務部門的業務人員等員工的想法也是相當重要的。創意發想的方法包含腦力激盪法、KJ 法（參考8-1）、NM 法等，使用這些方式發想，可以讓效率更好。

②構想的評估與篩選

一旦進入產品概念開發的階段，開發成本就會大幅提升，因此必須排除較不具潛力的構想。這個階段中，企業必須思考公司經營資源、時間與成本的限制，在初期就捨棄優秀構想的「摒棄錯誤」，與讓不合適構想進入開發階段的「採用錯誤」之間衡量、取捨。由於新產品的成功率，是技術上可以完成的機率、使用該技術成功商品化的機率，以及商品在商業上獲得成功的機率相乘而得，因此在評估構想的階段就與技術、生產部門合作，會相當有幫助。

新產品開發流程

創意發想

構想的評估與篩選（Screening）

產品概念開發

擬定行銷策略並進行商業分析

產品設計開發

試銷

商品化

7

產
品

產品具體化

③產品概念開發

在這個步驟中，要明確指出目標客群以及產品的核心利益，並決定產品的基本規格，也就是產品概念。之後會介紹聯合分析（參考8-2），聯合分析會明確分析出消費者透過直覺，對各種利益與價格所進行的取捨，是產品概念開發中很具代表性的一項研究手法。還有一點也很重要，那就是盡可能以實際的型態（影片、模型、VR等）呈現產品概念，並獲得目標顧客的意見回饋。

④擬定行銷策略並進行商業分析

接下來為了評估新產品商業化的可行性，會根據產品概念，擬定右圖的三項行銷策略。

⑤產品設計開發

完成商業分析後，為了將產品概念開發為產品，要由技術、研究部門接續製作產品的原型。從這個階段開始，投資金額會大幅增加，因此實際進行技術開發前，必須盡可能排除難以商業化的產品概念。

⑥試銷

為了進行產品診斷，修正行銷策略，導入市場前會先在市場進行試銷。最近由於成本、時間，以及擔心競爭企業模仿等因素，經常會省略這個步驟，或是採用更簡單的前測（詳細內容將在第13章說明）。

擬定行銷策略並進行商業分析

策略與初期目標

- 目標市場的規模與結構
- 產品定位
- 開始後前幾年的營收
- 市占率與最初的目標

最初的計畫

- 預期價格
- 通路策略
- 第一年度的預算概要

長期目標與預測

- 長期營收
- 長期市占率
- 長期的利潤目標與行銷組合戰術

▶ 01 KJ法

創意發想的代表性方法

　　KJ法是將透過腦力激盪得到的各種構想整理、整合，再導向問題解決與創新發想的一種方法，KJ是取自發起人川喜田二郎的英文姓名縮寫。

　　KJ法是由四個步驟組成，透過一連串的步驟，讓我們找出有助於解決問題的提示與靈感。

　　①**寫出想法**：將想法與意見，或是從各式調查現場蒐集而來的繁雜資訊寫在一張張小卡片上。

　　②**將想法分類**：將意義相似的卡片分組，每2、3張分為一個群組，並附上標題。

　　③**將分類視覺化**：依照內容的相似程度分配群組的位置，分出小群組、中群組，再繼續分為大群組。為了看出位置分配的邏輯關係，群組之間要以「相關」、「原因」、「結果」、「矛盾、取捨」等關係連結起來。

　　④**以圖形描述、解釋**：盡量使用各個群組的標題文字，在意識到群組間關係的前提下，由大主題到小主題說明其中的內容與邏輯，並串成一篇文章。

　　當只有分散、部分的資訊，看不見整體的概念時，會使用KJ法作為解決方法。像這種由下而上，針對個別構想進行「擴散性與聚斂性思考」會有幾個弱點，例如難以產生超越下層構想的劃時代創新、下層構想如果不包含所有情境，掌握整體概念時會有所遺漏，以及出現較偏激的構想時，分組會變得沒有意義等。

KJ 法的流程

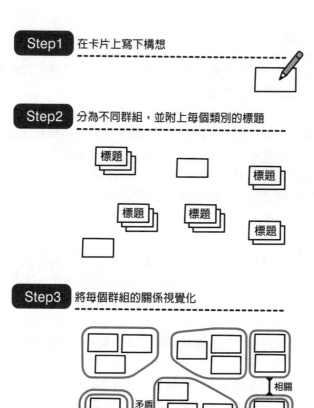

Step1 在卡片上寫下構想

Step2 分為不同群組，並附上每個類別的標題

標題　　標題　　標題　　標題　　標題

Step3 將每個群組的關係視覺化

相關

矛盾

因果

Step4 將群組的整體概念寫成文章

▶ 02　聯合分析

產品概念開發的代表性方法

　　產品是屬性的集合，因此聯合分析的基礎概念是，**產品效用相當於消費者從每個屬性獲得的部分效用之總和。**

　　這裡將以咖啡機為例來說明，假設消費者在選擇產品時特別重視的三項屬性分別是容量、速度、價格。這時候，一台咖啡機的總效用，就是該產品的容量、速度、價格這三個部分效用之總和。

　　首先，要請消費者評估多台咖啡機，每台咖啡機具有不同的屬性水準組合（稱為輪廓），並對每個輪廓計算總效用。接著使用統計方法，盡量讓不同水準的各個屬性之部分效用，在加總後等於總效用。在這個例子中，容量有三個水準（4 杯、8 杯、10 杯），速度有四個水準（3 分鐘、6 分鐘、9 分鐘、12 分鐘），價格有三個水準（2,000日圓、5,000 日圓、7,000 日圓），因此會請消費者將 36 個輪廓排序後，再計算總效用，一般來說會請消費者將寫有咖啡機規格的 36 張卡片依照偏好進行排序。右圖是對不同容量、速度、價格水準所推估的部分效用，**可以看出容量的差異相較於其他屬性，對總效用的影響是最大的。**

　　聯合分析的屬性與屬性水準數量越多，要評估的輪廓數量會呈現幾何級數成長，因此也出現許多不同的評估方式與統計方法，以降低回答者的負擔。

咖啡機的聯合分析範例

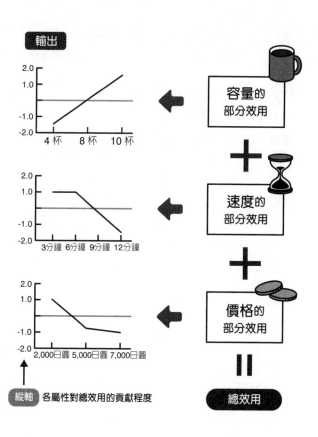

輸入　請受試者將卡片依偏好排序

輪廓 1
4 杯
3 分鐘
2,000 日圓

輪廓 2
10 杯
6 分鐘
7,000 日圓

- - - -

輪廓 36
8 杯
12 分鐘
5,000 日圓

輸出

容量的
部分效用

＋

速度的
部分效用

＋

價格的
部分效用

＝

總效用

縱軸　各屬性對總效用的貢獻程度

▶ 03　品質功能展開（QFD）
產品開發的代表性方法

　　在 1972 年，當時三菱重工業的神戶造船所初次導入 QFD（Quality Function Deployment，品質功能展開）作為設計管理工具，QFD 透過多個矩陣，記錄行銷、研發、技術、製造等部門間的決定因素與其中的取捨，**藉此進行跨部門的產品開發。**

　　接下來要介紹「**品質屋**」（House of Quality），是將客戶評價反映到技術開發的知名矩陣。

　　屋子左側的每一列會寫下顧客對產品期望的屬性以及重要程度，各列的最右邊則會寫下針對該屬性，顧客對自家公司與競爭產品有什麼樣的評價。

　　每一行會以技術用語寫下工程特性，矩陣中會以數值與符號記錄顧客需求與技術需求間的關係程度。

　　三角形的「**屋頂**」部分，則顯示了各項技術屬性間的關係。地板的部分則由上而下記錄：①自家公司與競爭產品的客觀數值；②技術的困難程度；③重要性加權；④預估成本，而考量所有的因素後，會決定⑤最終的目標值。

　　「品質屋」對於顧客滿意與製造功能設定明確的關係，在顧客知覺、競爭產品達成度、技術屬性間進行取捨，對確立技術規格的最終目標很有幫助。開發小組透過跨部門的討論獲得共識，藉此確立符合顧客想法的技術規格。

品質屋（以汽車車門為例）

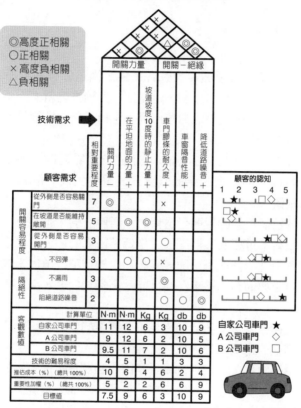

◎高度正相關
○正相關
×高度負相關
△負相關

技術需求

開關力量　開關－絕緣

	顧客需求	相對重要程度	關門力量 −	在平坦地面的力量 +	坡道坡度10度時的靜止力量 +	車門膠條的耐久度 +	車窗隔音性能 +	降低道路噪音 +
開關容易程度	從外側是否容易關門	7	◎			×		
	在坡道是否能維持敞開	5		◎	◎			
	從外側是否容易開門	3				○		
	不回彈	3		○	○	×		
隔絕性	不漏雨	3					◎	
	阻絕道路噪音	2					○ ○	◎

計算單位

計算單位	N·m	N·m	Kg	Kg	db	db
自家公司車門	11	12	6	3	10	9
A 公司車門	9	12	6	2	10	5
B 公司車門	9.5	11	7	2	10	6
技術的難易程度	4	5	1	1	3	3
推估成本（%）（總共 100%）	10	6	4	6	2	4
重要性加權（%）（總共 100%）	5	2	6	6	9	9
目標值	7.5	9	6	3	10	9

顧客的認知
1 2 3 4 5

自家公司車門 ★
A 公司車門 ◇
B 公司車門 □

出處：《DIAMOND 哈佛商業評論》
以 Hauser, J. R., Clausing, D. (1988/8) 發表之資料製成

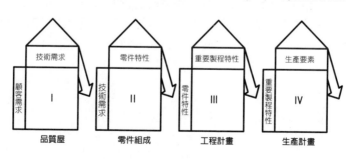

技術需求	零件特性	重要製程特性	生產要素
顧客需求 I	技術需求 II	零件特性 III	重要製程特性 IV
品質屋	零件組成	工程計畫	生產計畫

▶ 04　創新的兩難

企業只需要誠摯傾聽顧客的聲音嗎？

　　優良企業會傾聽重要顧客的聲音，爲了滿足顧客需求而致力於改良、開發附加價值更高的產品，這就是「**持續性創新**」。不過，有時後進企業的革新技術幾乎能顛覆市場，這種「**破壞性創新**」會導致持續性創新轉而失敗。

　　克里斯汀森（C. Christensen）以磁碟機業界爲例，每當磁碟機的尺寸縮小，既有的主力製造商就會在競爭中失敗，他稱這種現象爲「**創新的兩難**」。

　　一般對於這個現象的說明是這樣的，新興／弱小企業會先以對於主力企業來說較不重要的客群（通常是低端市場的顧客）需求爲首要目標，透過革命性的技術滿足顧客。起初由於這項技術尚未成熟，並無法充分滿足重要顧客的需求（高性能、高階功能），因此市場規模很小。

　　然而，技術改善後開始能夠滿足重要顧客的需求，因此企業逐漸能夠奪取較高端的市場，最終成爲業界的領袖。

　　主力企業不會投入破壞性創新，是因爲利潤貢獻度較高的重要顧客並不需要，而且從收益、規模看來，目標市場並不具魅力。

　　那麼企業在面臨這樣的兩難時應該如何因應？以主力企業來說，應該由不同的部門分別推動既有的持續性創新與新興的破壞性創新，讓不同的組織相互競爭。而想要進入市場的企業，應該以目前不具魅力的低端客戶爲目標，專注於眞正重要的少數需求，並思考革命性的創新方式。

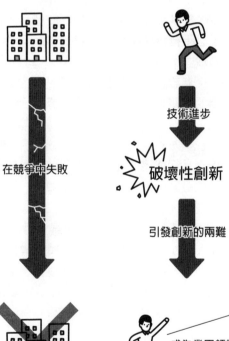

創新的兩難

大型／優良企業

以持續性創新滿足顧客需求

新興／弱小企業

設法滿足對主力企業並不重要的顧客需求

技術進步

在競爭中失敗

破壞性創新

引發創新的兩難

成為業界領袖

▶ 01 價格設定的邏輯

價格的設定必須與策略相符

　　訂價不只直接影響營收、市占率以及利益，也會影響競爭企業是否變更策略與加入市場、讓顧客的知覺價值產生變化，因此對產品形象與定位具有很大的影響。摩斯漢堡在低價格菜單的失策、BOSE的音響降價導致營收減少，如此看來，並不是把好的產品便宜賣就能夠賣得好，**決定價格時，必須符合STP的行銷策略以及其他的行銷組合。**

　　訂價的重要因素有成本、競爭、需求這三項，不過價格水準本身就會影響這三個因素，因此設定的過程相當複雜。設定價格時，必須根據企業對這三個因素的重視程度，分類為成本導向、競爭導向、需求導向這三種類型。

　　成本導向的代表性方法，是將成本加上一定比率獲益的加成訂價。這個方法可以確實掌握成本，在品項數量較多的超市經常使用。

　　競爭導向是參考其他公司的市場價格來設定價格，因此是市場追隨者追隨市場領導者時使用。

　　需求導向則是決定價格時，設法從客戶願意支付的價格（保留價格）中將利益最大化。除了保留價格之外，有時也會使用價格彈性指標，從實際資料推估價格變動後，需求會如何變化。價格彈性的定義是「需求量變動的百分比 ÷ 價格變動的百分比」，需求對於價格的反應程度越大，價格彈性的絕對值就越大。

價格設定方式

成本導向

使用加成訂價（將成本加上一定比率的獲益）等方式

競爭導向

市場追隨者追隨市場領導者時使用

需求導向

使用保留價格（客戶願意支付的價格）與價格彈性指標等，讓設定價格達到利益最大化

$$價格彈性 = \frac{需求量變動的百分比}{價格變動的百分比}$$

假設降價 5% 之後，銷售量增加 10%，這時候的價格彈性為「−2（= 10 ÷（−5））」。價格彈性的絕對值越大，代表價格對需求量（銷售量）的影響越大

9

價格設定

價格具有三個意義

一般來說，價格對於消費者具有三個意義。

第一個是一般經濟學中的解釋，即「**支出的痛苦**」，這代表如果是相同的產品，價格越低，產品的效用就會越高，而這種情況下的價格彈性為負。

第二是「**品質參數**」，當消費者缺乏對產品的知識時，許多消費者會以價格水準判斷產品的品質。

第三則是「**優越感**」，購買高價產品時感覺到優越地位的高級名牌就是這一種。若是比起「支出的痛苦」，「品牌參數」與「優越感」對消費者的意義更大，那麼價格越是下降，需求也會跟著下降，因此價格彈性為正。

價格敏感度分析（Price Sensitivity Measurement, PSM）是直接詢問消費者，對他們來說「支出的痛苦」與「品質參數」哪個更有意義，藉此尋找價格設定的靈感。

如右圖，對多名消費者提出四個問題後，以價格為橫軸，回答者的比率為縱軸，將不同的問題繪製到圖上。Q1 與 Q4 的交叉點 A 代表「太便宜」，若比這個價格還低，對品質不放心而避免購買的消費者，會多於覺得貴而避免購買的消費者。Q2 與 Q3 的交叉點 B 代表「太貴」，高於這個價格，認為太貴而避免購買的消費者，會多於感覺便宜而購買的消費者。因此，**太便宜與太貴之間的區塊，就可以解釋為消費者可接受的價格範圍**。最終價格應該在考量成本、競爭與其他因素後，設定在這個範圍之內。

PSM

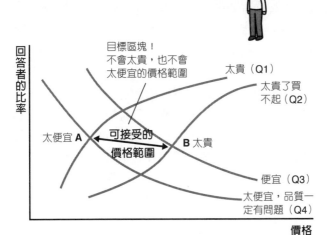

四個問題

Q1 這項商品價格在多少以上，你會開始覺得「貴」？

Q2 這項商品價格在多少以上，你會開始覺得「太貴了買不起」？

Q3 這項商品價格在多少以下，你會開始覺得「便宜」？

Q4 這項商品價格在多少以下，你會開始覺得「太便宜，品質一定有問題」？

回答者的比率

目標區塊！
不會太貴，也不會太便宜的價格範圍

太貴（Q1）

太貴了買不起（Q2）

太便宜 A

可接受的價格範圍

B 太貴

便宜（Q3）

太便宜，品質一定有問題（Q4）

價格

如何以不同價格銷售相同產品

　　如同剛才介紹 PSM 時提到的，消費者願意支付的價格（**保留價格**）因人而異。如果認為產品具有更高價值的消費者可以支付更高的對價，企業的利益就能增加，不過，企業就必須思考，如何以不同的價格銷售相同的產品。

　　在經濟學上，企業會依據顧客保留價格的辨識成本，將差別訂價的機制分為三種（第二種將在下一節介紹）。

　　第一種機制能以簡單且成本較低的方式辨識個人的保留價格，透過交涉、拍賣、競標等手續，**可以針對不同消費者變更價格，這就是個別消費者訂價**。這些手續的成本相較於商品單價來說較低，常見於企業間交易（B2B）與家庭用車／家電產品等。此外，以往的日本還有開發中國家等人力較便宜的地方，也會使用這種方式。

　　第三種機制的辨識成本較高，或是較難辨識，是透過容易觀察的變數，將保留價格不同的顧客分組，並設定不同的價格，這就是**顧客區隔訂價**。

　　例如，學生的保留價格通常比較低，因此透過學生證確認身分，提供學生優惠的情形相當常見。其他的例子還有相同菜單，但消費者對於午餐的保留價格低於晚餐（時間別）、飯店的 Mini Bar 供應較高價的可樂（場所別）、非洲市場售價便宜的精工 5 Sports 腕錶（區域別）、包裝後價格高於訂價的禮品（狀況別）等。要讓這個方法充分發揮作用，還需要避免有心人士進行**套利交易**，從某個市場區隔低價進貨，再銷售給訂價較高的市場區隔。

價格設定的三種機制

保留價格的
辨識成本

個別消費者訂價（第一種）

對每個人設定不同價格

例 家庭用車、家電產品、企業間交易（B2B）等

對商品設定不同版本（第二種）

設定不同版本的商品讓客戶自由選擇

例 壽司的松、竹、梅套餐等

顧客區隔訂價（第三種）

對不同組別的顧客設定不同價格

例 學生優惠、午間套餐（時間別）等

小

大

當顧客願意花更高的價格購買時，會希望能盡量賣貴一點

▶ 04 透過保留價格執行差別訂價（2）

讓顧客選擇購買價格

　辨識成本居於中間水準的第二種機制是對商品設定不同版本，讓了解自己心中保留價格的**顧客自由選擇**，而這種自行篩選的方法相當有效。

　產品線訂價是提供多個不同品質與價格的版本，企圖讓保留價格較高的顧客選擇高階版本，保留價格較低的顧客則購買基本款式。例如航空公司的座位艙等、壽司菜單上以松竹梅區別的套餐等級。這個機制要充分發揮功能，就必須確保保留價格較高的顧客不會受經濟艙的便宜價格吸引，進而轉換方案，因此，航空公司必須充分提升商務艙的品質，對不同的艙等差異化。

　此外，如果顧客對於產品與服務的使用量較高，通常保留價格也會比較高，因此可以採用依照使用量收費的**互補訂價**，舉例來說，印表機主體與刮鬍刀的刀柄訂價有時比消耗品，例如碳粉匣、替換刀片還便宜。當然，「互補品」也意味著這種訂價方式是透過便宜的初期價格鼓勵消費者「嘗試」，然後再透過專屬品讓消費者「受到控制」。

　類似的機制還有**兩段式訂價**，是將不同的固定基本費用搭配額外的以用量計算之費用，提供給消費者多個選擇方案，常見於行動電話、電費、瓦斯費等收費方案。比起重度使用者，輕度使用者對於單價（每分鐘通話費）的保留價格通常會比較高，因此可以選擇方案 A，其固定費用較低，但以用量計算費用時的單價較高。

第二種差別訂價機制：自行篩選

產品線訂價

搭配不同的品質與價格條件，以提供多種版本

互補訂價

消費者依照使用量付費

兩段訂價

將不同的固定基本費用搭配額外的以用量計價之費用，以提供多個選擇方案

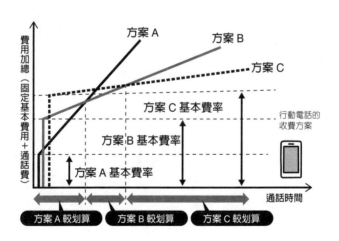

▶ 05　各種訂價

買組合，不買單項商品

　　搭售訂價（Bundling Price）也可以解釋爲上一節提到的第二種差別訂價機制，當多項產品（相互補足並提升價值的產品）的保留價格因顧客而異時，除了單項商品價格外，再另外提供組合的商品價格，藉此增加需求。

　　右上表是小誠與典子對於漢堡與甜點的保留價格，價格只要低於保留價格，顧客就會購買，而下表所顯示的，是單點價格 1～3，以及對單點價格 3 提供套餐優惠，總共四種價格設定下的銷售金額。從表中可以看出，加上套餐的選項，能讓營收高於其他任一單點的情況。如同這個例子所示，當互補商品之間的保留價格呈現負相關時，這個方法會特別有效。

　　動態訂價則是隨著時間推移而調整價格，將保留價格的差異反映在不同的購買時期。

　　動態訂價的其中一種稱爲**吸脂訂價**，在產品上市初期只以保留價格較高的顧客爲對象，以高價獲取豐厚利潤。願意高價購買的顧客買過一輪後，再以保留價格次高的市場區隔爲對象，稍微降低訂價。這種策略對於企業掌握獨特技術、難以模仿，且沒有競爭對象的產品相當有效。

　　另一種動態訂價是從產品上市就採取低價策略，即使利潤較薄，也想盡早提高市占率，這種做法稱爲**滲透訂價**，目的是在初期就讓產品普及，阻止競爭企業的加入。這種策略常見於透過經驗曲線大幅降低成本的半導體產業，以及重視系統相容性等網路外部性的 IT 產業。

配套訂價與動態訂價

【餐廳套餐的配套訂價範例】

	對漢堡的保留價格	對甜點的保留價格	保留價格加總
小誠	1,000 日圓	300 日圓	1,300 日圓
典子	700 日圓	500 日圓	1,200 日圓

	漢堡價格	甜點價格	總消費金額
單點價格 1	700 日圓（兩人都會買）	300 日圓（兩人都會買）	2,000 日圓
單點價格 2	700 日圓（兩人都會買）	500 日圓（典子會買）	1,900 日圓
單點價格 3	1,000 日圓（小誠會買）	500 日圓（典子會買）	1,500 日圓
單點價格 3 + 套餐 1,200 日圓	單點 1,000 日圓	單點 500 日圓	套餐 2,400 日圓

【動態訂價】

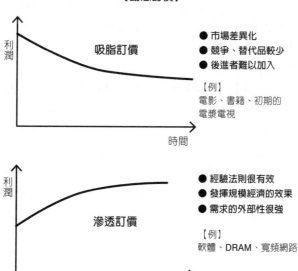

吸脂訂價

利潤 / 時間

- ● 市場差異化
- ● 競爭、替代品較少
- ● 後進者難以加入

【例】
電影、書籍、初期的
電漿電視

滲透訂價

利潤 / 時間

- ● 經驗法則很有效
- ● 發揮規模經濟的效果
- ● 需求的外部性很強

【例】
軟體、DRAM、寬頻網路

行銷人會利用的消費者心理

　　訂價時必須了解一點，人對於價格的感受，可能會因為狀況、場合、情境不同，而有很大的改變。諾貝爾經濟學獎得主康納曼與特沃斯基提倡的**展望理論**，以右圖的價值函數，說明人在衡量獲利與損失時有三種現象。

　　第一個現象是人對於價值的感受，獲利與損失並不是以「0」這樣的絕對值為評估基準，而是透過與**參考點（Reference Point）的偏離程度來衡量**。消費者會根據過去的消費經驗、商店中的類似產品，以及媒體與網路上的資訊，在腦海中形成一個參考價格，從這個價格與實際產品價格的差異，判斷是否感覺划算。顧客的參考價格是相當重要的資訊，因此有許多與參考價格形成過程相關的研究。

　　第二個現象是人身處獲利區時，會有風險趨避傾向（避免不確定性），在損失區時則會呈現風險愛好傾向（偏好不確定性），因此將**多筆獲利分散，或是將多項損失整合，會產生更高的價值**。前者就像是「將禮物分裝為小份，一次一次慢慢給」，常見於分次追加優惠訊息的電視購物。後者的例子有將高價商品交叉銷售（Cross-selling）、保險的整套規劃、信用卡一次付清等。

　　第三個現象是損失區的價值函數斜率比獲利區更陡，因此**將大獲利與小損失整合，或是將大損失與小獲利分散**，所產生的價值更高。前者的例子有薪水的扣除額，後者則有現金減讓（Rebate）與點數回饋等。

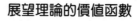

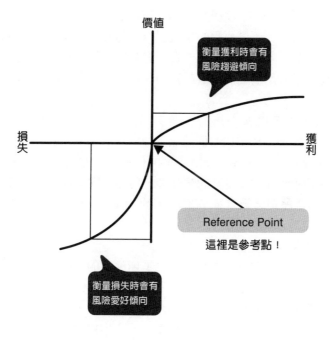

「免費」的誘惑

塞勒（R. Thaler）提出的「心理帳戶」（Mental Accounting）指出，**即使是同一筆金錢，人也會因為取得方式與用途不同，而改變使用的方式。**

舉例來說，透過工作賺取的報酬會有計畫地使用，從賭博獲取的金錢則會大把浪費（不勞而獲的金錢反而花起來不手軟）、相同的經濟負擔（金額）下對教育會不吝投資，對奢侈品與愛好品卻會因為罪惡感而猶豫、送人用的紅酒會買昂貴的，自己喝則會選擇便宜的紅酒等。

也就是說，人會將每一筆收入與支出分類爲閒暇娛樂、自我投資、奢侈品等類別，以主觀的價值感受評估每個類別的消費。

人對於「免費」的商品有反應過度的傾向。假設有兩種情境，一種是可以免費獲得 1,000 日圓的禮品券，另一種則是以 700 日圓換取 2,000 日圓的禮品券（後者多了 300 日圓的價值），許多人都會選擇前者。

人爲什麼會深受「免費」吸引呢？

其中一個原因是能夠完全規避「損失」所導致的負面價值，無論是失去 10 日圓或 1 日圓，在經濟上都算損失，而免費可以避免這項損失。此外，商品從 2 日圓變成 1 日圓時，消費者不會有太大的反應，但是一旦從 1 日圓變成 0 日圓，就會產生「心理帳戶」的效果，消費者不再認爲這是「金錢交易」，而會將其歸類到完全不同的類別——貼有「免費」標籤的類別。

價值觀與消費的相關性

價值觀會影響消費……

送禮時會購買昂貴
的紅酒

自用則會買便宜
的紅酒

受到「免費」吸引也是相同道理！

免費獲得 1,000 日圓 的禮品券	用 700 日圓換取 2,000 日圓的禮品券

哪個比較划算？

▶ 01 推廣的種類

推動四個購買階段「AIDA」

即使以合適的價格，提供能夠滿足顧客需求的產品與服務，在沒有引起消費者的注意（Attention），讓消費者感到興趣（Interest）、勾起消費者欲望（Desire）的情況下，消費者並不會採取購買行動（Action）。促銷活動的功能就是**為了推動 AIDA，AIDA 是四個消費者購買階段的英文縮寫**。

推廣可以概分為四種，分別是廣告、公共關係、促銷活動、人員銷售。

廣告在行銷領域的重要性極大，甚至讓人產生「行銷＝善於宣傳」的誤解。

公共關係則是媒體自發性宣傳自家公司的產品與服務，企業無法控制媒體是否刊登，與廣告不同的是，企業不必支付費用給媒體。公共關係活動通常會涵蓋於公關部門企劃的企業社會責任（CSR）活動、贊助活動、其他活動等宣傳活動。

為了與 4P 的推廣有所區隔，這裡會把狹義的**推廣**稱為**促銷活動**（Sales Promotion, SP），詳細內容會在下一章介紹。**人員銷售**指的是銷售人員（業務員、銷售員）在銷售時，提供資訊與服務的相關活動。

廣告與公共關係採取的是**拉式策略**，負責促進顧客對產品的認知並吸引顧客，促銷活動與人員銷售則是對關注商品的顧客採取**推式策略**，積極引發消費者的欲望，促使消費者採取購買行動。

推廣組合（Promotion Mix）

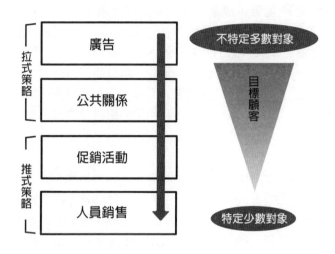

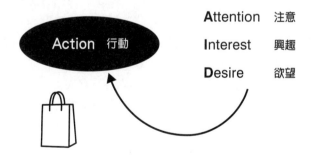

▶ 02 廣告決策

「目的」很重要

　　右上圖所介紹的是廣告決策，首先要明確指出廣告的目的，廣告除了促進購買之外，也具有提升消費者的認知、關注、引起欲望的效果，因此依據廣告主的目的，廣告的內容與媒體也會有所不同。依據廣告主希望把焦點放在 AIDA 的哪個階段，可以將廣告目標大致分類為促進顧客認知與理解的**告知性廣告**、引發興趣與欲望與促進態度形成的**說服性廣告**，還有建構形象與喚起回憶的**提醒性廣告**。要評估、分析廣告是否達成 AIDA 的目的，就必須使用合適的評估指標（**成效指標**）。

　　右下圖記錄了每個 AIDA 階段中應該分析的成效指標，如果目的是引起顧客的**注意（A）**，那麼可以藉由輔助回想測試，評估顧客「是否知道 X 品牌（促銷活動）」，以及藉由非輔助回想測試，詢問顧客「想到○○產品類別時，腦中會浮現什麼品牌」，並藉此設定目標。如果目的是引起顧客**興趣（I）**，就要評估顧客的品牌認知與品牌形象。如果目的是引發顧客的**需求（D）**，就必須確認顧客的購買意願與選擇集合。如果目的是**行動（A）**，就要檢視品牌選擇與實際營收。

　　大多數的情況下，營收會受廣告長期累積的效果以及廣告外的因素影響，因此企業難以掌握直接的廣告成效。想要分析單一廣告的效果時，廣告代理商會採用在實驗室執行廣告測試等方式，在受到管理的環境下，透過問卷蒐集、分析消費者的心理相關指標，或是使用高階的計量經濟模型。

廣告決策與廣告效果的指標

廣告決策

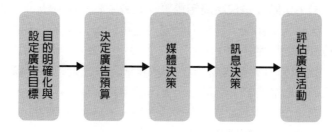

設定廣告目標與目的明確化 → 決定廣告預算 → 媒體決策 → 訊息決策 → 評估廣告活動

10

推廣

AIDA 分階段廣告成效指標

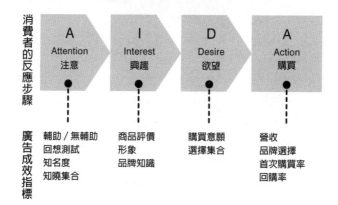

消費者的反應步驟

A Attention 注意	I Interest 興趣	D Desire 欲望	A Action 購買

廣告成效指標

輔助／無輔助 回想測試 知名度 知曉集合	商品評價 形象 品牌知識	購買意願 選擇集合	營收 品牌選擇 首次購買率 回購率

▶ 03 廣告的媒體

幾乎與行銷畫上等號的「廣告」

　　廣告決策的下個階段是**決定廣告預算**，大致上有四種方法。①**量力而為法**，將廣告視為保險，在能力範圍內盡可能編列預算；②**銷售比例法**，根據營收的一定比例（例如 5%）來設定金額；③**競爭對比法**，認為廣告主之間相對的廣告支出比例會影響廣告效果；④**目標任務法**，針對具體的數值目標，客觀分析支出費用後所能獲得的成效，再決定廣告預算。乍看之下④是很合理的方法，不過有個困難的前提條件，那就是必須正確掌握廣告的成效。

　　下一個階段是**媒體決策**，右圖整理的是廣告使用的媒體。這個階段必須決定多個使用媒體的分配比例、選擇刊登的廣告載體（節目名稱或雜誌名稱等）、廣告時間（時期、時段、星期、平均播放或是播 1 個月停 1 個月等），以及區域分配。

　　一連串的決定可以延伸出數不盡的組合方式，非常複雜，因此廣告代理商也經常會使用自家軟體，決定最佳的組合。

　　這時候可以使用的廣告效益指標有觸及（Reach）、接觸頻率（Frequency）、總收視率（Gross Rating Point, GRP）、衝擊度（Impact）。觸及是一定期間內，廣告觸及人數的比率（%），接觸頻率是廣告期間內，至少看過一次的受眾之平均接觸次數，以上兩者分別顯示了廣告的廣度與深度。GRP 是觸及與接觸頻率相乘，計算出廣告期間的**接觸的累計總量**。此外，同樣是 1GRP，不同的媒體與廣告載體在成效上會有很大的差異，而衝擊度就是呈現這個差異的指標。

日本廣告費用涵蓋範圍

總廣告用 → 日本國內每年投入的廣告費用

四種大眾傳播媒體的廣告費用 → 在報紙、雜誌、廣播、電視媒體等四大媒體中投入的廣告費用

①報紙	日本國內每年投入的廣告費用
②雜誌	在報紙、雜誌、廣播、電視媒體等四大媒體中投入的廣告費用
③廣播	全國日報、產業新聞的廣告費、新聞廣告製作費
④電視媒體	以下的電視媒體廣告費用
地面電視	全國地面電視訊號傳送的訊號費用、節目製作費與電視廣告製作費（不包含人事等費用）
衛星相關	投入至衛星廣播、CATV 等的廣告費用（媒體費用、節目製作費用）

網路廣告費 → 網站與應用程式的廣告刊登費、廣告製作費（橫幅廣告等製作費），以及企業主頁中商品／服務、廣告活動相關的製作費用

促銷廣告媒體的費用 → 以下的促銷廣告媒體費用

室外	廣告板、霓虹／LED 廣告、室外電視牆等室外廣告的製作費用與刊登費用
交通	交通廣告的刊登費用
夾頁廣告	全國性報紙夾頁廣告刊登費用
DM	直接郵件廣告的郵寄、運送費用
免費報紙、免費雜誌	免費報紙、免費雜誌的廣告費用
POP 廣告	賣場廣告的製作費用
電話簿	電話簿廣告的刊登費用
展示、影像等	展示會、博覽會、展示中心等的製作費用、電影院廣告的製作與上映費用等

出處：《日本的廣告費用 2016》（暫譯）電通

10

推廣

▶ 04　IMC

分散的訊息會讓顧客感到困惑

　　除了推廣之外，其他像是產品的實體包裝、價格區間、零售店與銷售網頁等通路，所有4P相關的活動都是希望促進企業與顧客的溝通。

　　如果要根據行銷策略規劃、實施具有一致性的行銷組合，那麼透過4P所進行的溝通，也必須與STP一致。

　　與顧客進行溝通時，如果包裝是由產品開發部門負責、廣告由廣告部門負責、公共關係是由公關部門負責，而促銷活動與人員銷售是由業務部門負責，各個部門獨立編列預算並各自設定目標，將導致彼此之間產生衝突。**整合性行銷溝通（Integrated Marketing Communications, IMC）能有效解決這種情況**，其概念是運用每種溝通途徑的特色，在不同部門間規劃、執行具整體性的溝通組合。

　　在IMC受到提倡的1980年代末期，新的媒體隨著IT發展陸續登場，因此多了許多溝通的途徑。企業開始大量運用直效行銷與促銷／推廣媒體，其中直效行銷採用的是容易觀察成效的資料庫，這樣的改變讓企業與顧客間的**接觸點（Contact Point）**大幅提升。然而，若是廣告訴求高級感，網路售價卻很低廉，這種分散式的訊息將使得顧客感到困惑，導致品牌的價值下降。

整合性行銷溝通

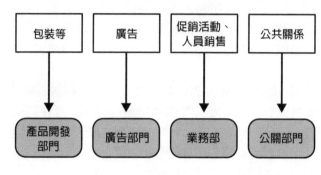

分散式的策略 ✖

包裝等	廣告	促銷活動、人員銷售	公共關係

產品開發部門	廣告部門	業務部	公關部門

整合式 〇

跨部門規劃、執行溝通組合

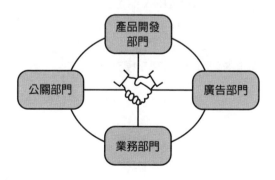

▶ 05　網路廣告

日新月異的進步速度

　　廣告不斷從既有的大眾媒體轉為網路廣告，以廣告費來看，網路廣告在 2004 年超越廣播，2006 年超越雜誌，2009 年超越報紙，在 2016 年成長到將近四大大眾媒體總和的一半。如右圖，網路廣告有各式各樣的種類與分類方式，現在也不斷進步著，而網路廣告的主要特徵有兩個。

　　第一個特徵是，大眾媒體的對象是一般人，但網路廣告的受眾更集中，甚至能夠以個人為對象，**依照網路廣告的類型，目標受眾的規模是可以調整的**。舉例來說，入口網站的**陳列式廣告與橫幅廣告**就如電視廣告一樣，會對所有的造訪者顯示同一個文案（多個廣告隨機切換）。**內容相關廣告**則是會顯示與網頁特性相符的廣告。搜尋連動型則是根據使用者在 Yahoo! 與 Google 等搜尋引擎輸入的關鍵字，以類似自然搜尋（Organic Search）的模式，在搜尋結果頁面上呈現與關鍵字相關的廣告（Sponsored Search）。

　　而**行為定向廣告**是透過 Cookie 等方式辨識造訪者的歷史瀏覽紀錄，再顯示造訪者可能感到興趣、關注的廣告。

　　第二個特徵是，網路廣告的 AIDA 消費者購買階段要再加入**口碑的影響**。由於消費者在購買行動之後，會將意見、評價上傳到 SNS 與部落格（Share），而這會對尚未購買的消費者造成強烈的正面與負面影響，因此要加上 S，稱為 **AIDAS 模式**。

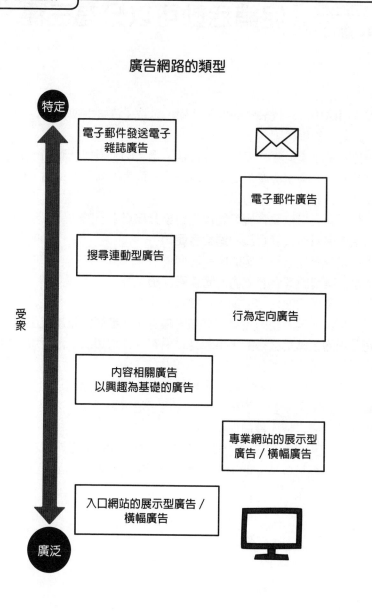

廣告網路的類型

特定

電子郵件發送電子
雜誌廣告

電子郵件廣告

搜尋連動型廣告

行為定向廣告

受象

內容相關廣告
以興趣為基礎的廣告

專業網站的展示型
廣告／橫幅廣告

入口網站的展示型廣告／
橫幅廣告

廣泛

10

推廣

▶ 01　促銷活動的種類

促銷活動可以分為三種

　　推式策略中最具代表性的促銷活動，是為了直接促使人的行為（購買）改變而提供誘因。

　　而拉式策略中最具代表性的廣告是透過 AIDA 模式（認知、興趣、欲望等）讓人的想法產生變化，最終將消費者導向購買行為，與前述的促銷活動是兩種不同的模式。

　　促銷活動可以依照實施者與實施對象分為以下三類：

　　①生產商對消費者實施的**消費者促銷**。

　　②生產商對通路商實施的**中間商促銷**。

　　③零售業者對消費者實施的**零售商促銷**。

　　右圖統整了三種促銷活動的具體做法。

　　近年來，促銷活動的預算有增加的趨勢，而**推廣的整體支出中，中間商促銷的預算是最多的**，接著是以消費者（零售商＋消費者）為對象的促銷，再來是廣告。

　　分析其背景因素，可歸因於市場的競爭激烈、產品同質化、議價能力較強的通路業者要求折扣等，企業為了追求短期營收成長，從難以觀察成效的廣告轉而投向促銷活動。

　　此外，如果公司高層與行銷人員的風評、報酬與任期內營收極度相關，則很容易會認為促銷活動比起透過廣告長期建構品牌來得更有效。

30 秒掌握重點！

促銷活動的三個種類

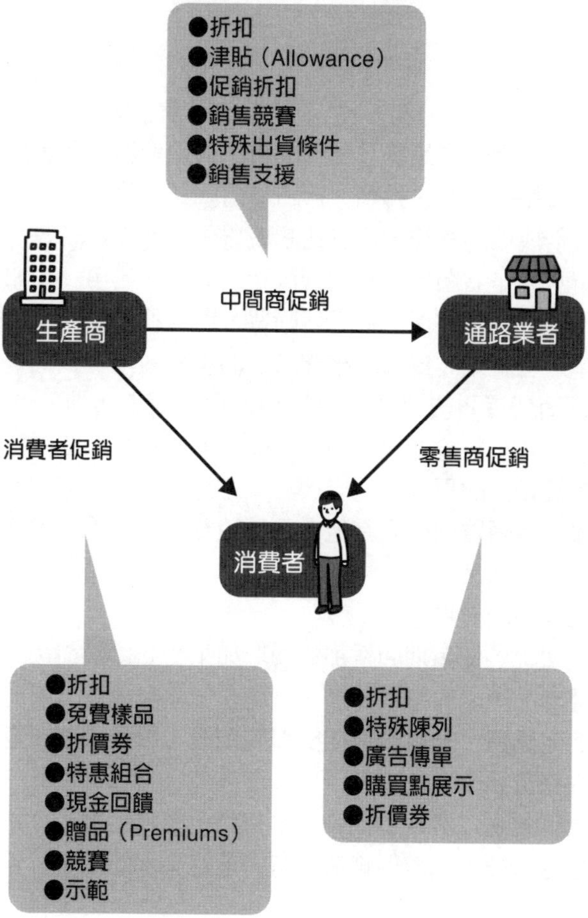

●折扣
●津貼（Allowance）
●促銷折扣
●銷售競賽
●特殊出貨條件
●銷售支援
生產商
中間商促銷
通路業者
消費者促銷
零售商促銷
消費者
●折扣
●免費樣品
●折價券
●特惠組合
●現金回饋
●贈品（Premiums）
●競賽
●示範
●折扣
●特殊陳列
●廣告傳單
●購買點展示
●折價券

▶ 02 促銷活動的效果

特徵是能夠立即導向購買行為

廣告含有提升消費者認知、建立形象、品牌訴求等長期性的目的，相較於此，**促銷活動是為了促進購買，在短期目標上看到立即的成效**。因此，短期的營收、獲利、市占率這些與消費者行為直接相關的項目，就成為成效的指標，而且比起廣告更容易評估成效。

這裡必須留意的是右圖中三個與營收相關的現象。第一，如果促銷導致消費者囤貨或是趕在促銷結束前購買，將導致促銷結束後的營收低於平時水準，也就是「**侵蝕未來需求**」的現象。

第二，如果消費者事先得知，或是預期會有促銷活動（SP），因此對消費有所保留，將會導致促銷活動開始前的營收低於平時水準，也就是「**需求延後**」的現象。

第三，如果平時購買同公司其他產品的消費者，因為促銷活動的影響，轉而購買促銷產品，將導致促銷期間其他產品的營收低於平時水準的「**需求相互侵蝕**」現象。

無論是哪種情況，促銷期間增加的營收如果受到促銷前後、促銷期間同公司其他產品減少的營收抵消，就相當於沒有成效。因此，**以營收判斷促銷的效果時，一定要把促銷期間前後，以及代替、互補產品等的營收列入考量**。

這裡提到的現象是以消費者促銷與零售商促銷為前提，不過，同樣的論點當然也適用於中間商促銷活動時，通路業者的消費行為變化。

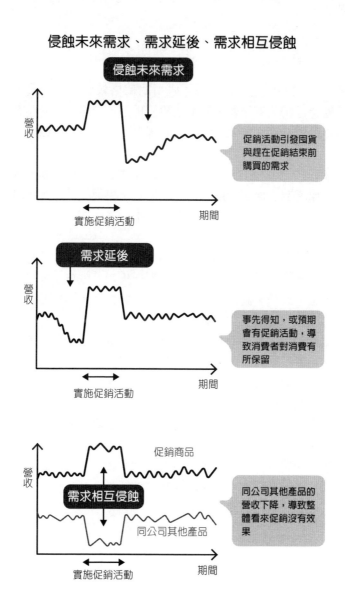

侵蝕未來需求、需求延後、需求相互侵蝕

侵蝕未來需求

營收

期間

實施促銷活動

促銷活動引發囤貨與趕在促銷結束前購買的需求

需求延後

營收

期間

實施促銷活動

事先得知，或預期會有促銷活動，導致消費者對消費有所保留

促銷商品

營收

需求相互侵蝕

同公司其他產品

期間

實施促銷活動

同公司其他產品的營收下降，導致整體看來促銷沒有效果

▶ 03 折扣促銷的陷阱

折扣促銷是「猛藥」

　　以折扣為主軸的促銷活動是為了吸引對價格較敏感的消費者，不過，一旦停止促銷，或是競爭對手也給予折扣，價格導向的消費者將輕易地轉移品牌。反之，忠誠度高的顧客很少因為折扣戰改變消費型態。

　　因此，在成熟的市場中，一般會認為**促銷活動對於爭取新顧客與長期顧客的效果薄弱**，而廣告則有助於開拓新市場與提升品牌忠誠度。讓顧客的心理產生 AIDA 效果雖然費時，不過之後即使停止廣告，效果還是會持續一陣子。

　　太過重視短期營收而過於頻繁地實施促銷活動，會導致重視價格多過產品內容的顧客增加。顧客若是已經習慣折扣，就會需要更大的折扣來吸引顧客，長期來說並不是培育品牌的好方法，而且還可能造成忠誠顧客的流失，必須多加留意。

　　實施促銷活動時，重要的是區別價格促銷與非價格促銷活動（CFB促銷），盡可能採用後者，讓促銷活動能以建構品牌為目標。具體來說，像是為促銷活動賦予一個名目（例：週年慶），這樣一來也能夠與品牌形象相互連結。

　　如果是市占率較小的企業，實施促銷活動會比廣告更有利。因為小企業的廣告預算無法與領袖企業匹敵，同時如果沒有支付津貼給通路業者，將難以保留架位，而且若是沒有提供消費者誘因，也難以促使他們首次購買，因此這些企業必須仰賴促銷活動。

折扣促銷的陷阱

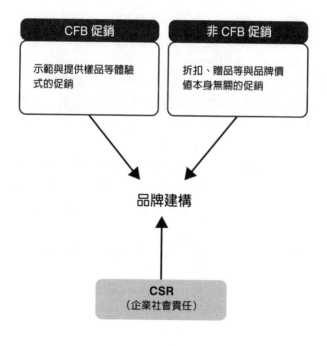

CFB
Consumer Franchise Building

= 消費者關係建立

↑

以創造品牌價值的獨特屬性
與競爭優勢為訴求，獲取顧
客的長期支持

CFB 促銷

示範與提供樣品等體驗
式的促銷

非 CFB 促銷

折扣、贈品等與品牌價
值本身無關的促銷

品牌建構

CSR
（企業社會責任）

▶ 04　促銷活動的策略

以賽局理論解讀促銷競爭的陷阱

　　價格促銷主要會吸引的是**品牌轉換者**（品牌忠誠度較低的顧客），因此產品類別的整體銷售量並不會有長期的成長。

　　因此，沒有拓展產品類別就難以成長的領袖企業一旦實施價格促銷，可能會引發折扣戰，形成與競爭者雙輸的局面，並非上策。

　　接下來將使用經濟學的賽局理論說明折扣戰為什麼會致使企業陷入困境。

　　在「**囚徒困境**」這個賽局中，相同產品類別的企業 A 與 B 必須在無法互相協調（競爭企業的聯合行為＝協調是違反公平交易法的）的狀況下，決定是否進行折扣促銷。

　　右表括號中的數字顯示兩間企業在不同決策下的獲利情況。企業 A 不管企業 B 的決策，決定選擇獲利較高的折扣促銷（B 選擇折扣促銷時，A 的獲利為 3 億日圓；B 沒有實施折扣促銷時，A 的獲利為 15 億日圓），而企業 B 也是如此判斷。

　　兩家企業若是可以協調，原本可以各有 10 億獲利，結果卻減少到各 3 億日圓。更大的問題是兩家企業一旦提供折扣，較快停止提供折扣的企業獲利將減少至 1 億日圓，因此兩家企業都無法打破這個狀態，這就稱為奈許均衡。

　　這給我們一個啟發，那就是**實施折扣促銷前應該要預測競爭企業的反應**。

囚徒困境（賽局理論）

〔賽局的前提條件〕
● 各企業必須獨立進行決策
● 兩企業之間無法磋商並同時變更策略

Q 企業 A、B 應該選擇的最佳策略是？

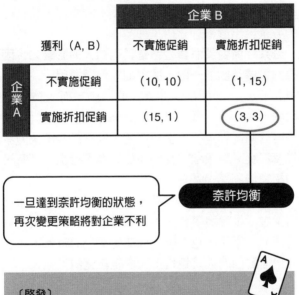

獲利（A, B）	企業 B	
	不實施促銷	實施折扣促銷
企業A 不實施促銷	（10, 10）	（1, 15）
企業A 實施折扣促銷	（15, 1）	（3, 3）

一旦達到奈許均衡的狀態，
再次變更策略將對企業不利

奈許均衡

〔啟發〕
實施折扣促銷前應該要預測競爭企業的反應！

B2B 行銷的要角！

公共關係是媒體主動報導公司的產品與服務資訊，主要的媒體就是**四種大眾媒體**與**網路**。公共關係的特徵有三個：①媒體會判斷新聞文章與報導的價值，決定是否報導；②基本上是免費的；③消費者會認為資訊的重要度與可信度較高。

另一方面，企業對於公共關係也無法充分掌控，像是不正確的資訊或負面的報導。甚至廣告受眾也會有先入為主的看法，認為媒體是基於對廣告主的考量，出於善意介紹了許多產品。

儘管如此，**公共關係對於消費者還是具有強大的影響力，因此企業也應該將其視為宣傳活動的一環，積極地管理與運用。**

廣告與公共關係是屬於間接、非人為的活動，而**人員銷售**則屬於直接的人為活動，因此其特徵是可以依對象客製化，較細膩也較有彈性。人員銷售對於傾聽顧客的需求與欲望，提議最佳解決方案的**解決方案銷售**，以及與交易對象建立長期關係的**關係行銷**，還有汲取顧客與現場意見的相關機制都相當有效。

人員銷售的最大弱點就是成本太高，因此必須將銷售對象限定為大型客戶與通路業者（批發與零售店），或是運用資訊科技，取代可以由機器代勞的部分。不過，也正因為現在是科技的時代，有些企業更傾向採用與客戶面對面的人員銷售，採取差異化的策略。

公共關係與人員銷售的優點與缺點

公共關係（四種大眾媒體與網路）

〔優點〕

●基本上是免費的
●對消費者來說重要程度較高
●消費者會認為資訊的可信度較高

〔缺點〕

可能會有不正確的資訊與負面報導，企業並無法充分掌控

人員銷售

〔優點〕

可依對象客製化，提供細膩、有彈性的服務

〔缺點〕

成本較高

▶ 01　通路的設計

以顧客需求為第一優先

　　通路指的是產品從生產者到消費者手中的傳遞途徑。通路主要有銷售、運送、服務這三個功能，為消費者帶來右上圖所列出的利益。

　　顧客重視的要素因市場區隔而異，而且也會受到不同消費習慣形成的產品類型所影響，例如便利品、選購品、特殊品。成本的考量固然重要，不過就如同 STP 與 4P 等所有的行銷決策，**通路設計也應該要以顧客的需求為依據**。

　　通路的結構可以由**長度**與**廣度**來定義。

　　長度指的是生產商與消費者間中間商的層級數目，直接銷售是零階通路，只有經過零售商就是一階通路，包含多個批發業者時會是二階以上。

　　廣度則可以概分以下三種。

　　密集式配銷是盡可能在區域內安排更多的通路業者作為銷售窗口，以提升市場的涵蓋範圍，相對地，生產商對於通路的掌控能力也會比較薄弱。這種方式常見於消費者就近購買的食品與日用品等便利品。

　　獨家式配銷是生產商限制一個地區只能有一個通路業者，透過這個方式確保通路業者維持一定的服務水準，常見於汽車與高級品牌等專賣店。

　　選擇式配銷的特徵是介在以上兩種模式之間，常見於家電與服飾等選購品。

通路的設計

通路為消費者提供的利益（服務產出水準）

1. 批量大小（顧客一次可以購買到的產品量）
2. 空間上的方便性（是否容易前往？）
3. 時間上的方便性（需要的時候是否買得到？）
4. 取得商品需要花費的時間
5. 產品多樣性
6. 服務（產品附帶的服務、運送、安裝、維修等）
7. 其他、經驗、興奮、感動

〔通路結構的長度差異〕

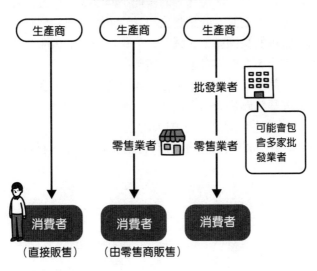

12

通路（流通與銷售）

消除通路成員之間的對立

通路相關的決策既複雜又困難，因為決策關係到通路業者，公司並無法自由掌控。如果生產商、批發業者、零售業者都想將利益最大化，並各自實施自己的策略與戰術，將可能導致行銷活動失去整合性與一致性，最後造成整體系統的利益損失。

這時候必須避免通路成員之間的衝突，若是採取**垂直行銷系統**（Vertical Marketing System, VMS），則生產商、批發業者、零售業者會以各種型態連結，整合為一個受到管理的通路系統。這時候垂直方向的通路成員中，一定要有一個成員成為通路領袖，掌控整個系統。

依照通路成員結合的型態，可以將 VMS 分為三個類別。**公司式**是一家公司掌控生產、批發、零售等的多個不同階段，並自行管理通路的型態，例如由生產商設立的銷售公司（汽車經銷商、化妝品的獨資經銷商、銷售家電的集團旗下店鋪）、公司自有的零售部門（山崎麵包），或是由零售業者設立自家的零售部門（自有品牌）等。

契約式垂直行銷系統是企業間基於加盟、連鎖（日本全日食連鎖系列）、合作社等契約關係而結合。

管理式垂直行銷系統是以力量強大的通路領袖為首，讓通路成員之間穩定合作。相關的例子有日常消費商品的味之素、日本的 Askul Agent 等。

VMS 的三種形式

垂直行銷系統（VMS）
Vertical Marketing System

> 生產商、批發業者、零售業者以各種型態結合，整合為一個受到管理的通路系統

公司式

一家公司在生產、批發、零售的不同階段中負責多個部分，並管理通路

契約式

企業之間基於加盟、連鎖、合作社等契約關係而結合

管理式

企業在強大的通路領袖之下，以公司式、契約式以外的形式穩定合作

▶ 03　製造零售業 SPA
從供應鏈到需求鏈

近年來有一種公司式 VMS 的常見型態，是由零售業者整合通路、製造階段，**以一致的概念，銷售自家開發的商品、品牌，稱為 SPA**（Specialty store retailer of Private label Apparel）。SPA 在流行服飾業界已是發展成熟的機制，具代表性的例子有 UNIQLO、GAP、H&M 等品牌，近年來也持續擴展到家具零售商 IKEA 與 NITORI、生活雜貨零售商無印良品、大型居家用品店的 CAINZ 與 KOHNAN，以及眼鏡零售商的 JINS 等，一般來說，SPA 指的是以自有品牌（Private Brand）為主軸的製造零售業。

SPA 會聚焦於消費者的偏好與行為，重新檢視商品的開發與生產、通路的供應機制，努力提升經營的效率。

SPA 的優點如下：①可以早一步了解消費者與市場的需求，迅速反映至商品的開發；②由於需求的預測精確度提升，因此可以適時適量地生產，減少缺貨與庫存過多的問題；③少了中間的通路商可以降低成本；④大量生產的體制完備後，製造流程、品質、成本管理都能自行掌控。

著重於提升委託製造與通路業務效率，將流程最佳化的**供應鏈管理與物流管理**同樣可以做到②～④，不過，SPA 在流行服飾業界發展會特別蓬勃，主要是因為①的這項優點。時尚產業有著一年四季的循環，趨勢瞬息萬變，因此一定要在消費者想要某件商品時，以剛好的數量滿足消費者的需求。

SPA 的優點

SPA_{（製造零售業）} Specialty store retailer of
Private label Apparel

的

四個優點

> 零售業者整合通路、製造階段，以一致的概念銷售自家開發的商品與品牌

①可以早一步了解消費者與市場的需求，迅速反映至商品的開發

②需求的預測精確度提升，可以適時適量地生產，減少缺貨與庫存過多的問題

③少了中間的通路商可以降低成本

④製造流程、品質、成本管理都能自行掌控

▶ 04　區域行銷與 GIS

善用地圖

　　區域行銷是根據區域間的差異來推動行銷流程。

　　先透過個別的地區資訊，**明確指出目標的區域與市場，並建構
STP 策略，提出符合各個區域市場的價值**。為了實現策略，必須因
應區域差異明確規劃並執行產品、通路、價格、促銷等 4P 戰術。

　　近年來發展成熟的**地理資訊系統**（GIS）對這個流程極具貢獻，
GIS 是由地圖資訊、區域統計資料，還有企業擁有的資料（公司、相
關企業（競爭與互補企業），以及顧客的位置資訊）構成，對於區域
行銷的計畫、執行與評估是相當有用的工具。

　　區域統計資料包含交通量、車站運量、零售業營收、居民的生活
型態、對資訊的敏感度、創新接受程度等，這些資料的依據是人口普
查反映出的市場規模、成長性、人口／家戶組成、家戶收入與商用調
查，而區域統計資料是以比市町村（譯註：日本的行政區劃單位）更
小的單位來提供資料，例如 100m 的區劃單位。

　　如右圖下方所述，這些資料的應用廣泛而多元，如商圈分析、展
店計畫、顧客管理與開發、業務窗口的業務支援、通路與物流管理分
析、促銷計畫擬定（廣告、傳單）等。如果進一步取得手機 GPS 的
顧客位置資訊，還可以對個人採取客製化且即時的行銷動作，**使用性
有日益提高的趨勢**。

GIS 的應用領域

地圖資訊　　　區域統計資料　　　企業擁有的資料
競爭與互補企業和
顧客的位置資訊

地理資訊系統（GIS）
Geographic Information System

應用領域

●零售、通路業的商圈分析與市場分析

●展店計畫、位置評估

●既有店鋪評估、促進活絡程度、促銷活動

●顧客管理、顧客服務

●對生產商的業務員提供業務支援

●合適的經銷商配置計畫

●廣告、宣傳計畫

▶ 05　商品計畫（MD）

零售業者的產品組合

　　爲了在合適的場所（賣場、價位）以合適的價格與時間點供應合適的商品，**零售業者會使用 4P 策略**，如包含進貨與庫存在內的產品品項（Product）、價格（Price）、推廣（Promotion）、陳列與擺設（Place）等，以**建構、調配，並管理商品類別，這就稱為商品計畫**（Merchandising, MD）。

　　零售業者還會透過調配、管理商品類別（區域配置），讓各商店更具系統性。便利商店、食品超市、綜合超市重視各類別中的產品組合，將目標放在提升顧客滿意度、方便性與交叉銷售，而百貨公司則將重點放在整體櫃位配置（品牌與類別的配置），將商場整體的組合最佳化，而商場中各銷售區域的 MD，通常是視廠商等合作對象（專賣店、出租櫃位）而定。

　　零售業者的目的是提升所有類別的整體營收，因此不拘泥於（生產商）既有的商品分類，會配合消費者的需求定義新類別並加以管理，而這樣的**品類管理**是相當重要的。舉例來說，消費者買麵包是爲了吃早餐，因此同時會需要奶油、起司、果醬、火腿、咖啡等。

　　根據消費者的需求執行 MD，除了能提供令消費者更易於採購且便利的商場外，還能引發新的需求。近年來也能看到生產商，尤其是業界的領袖企業對零售業者的品類管理提供指導與協助，例如包括競爭產品在內的整體賣場設計、商品陳列、促銷活動等。

商品計畫是什麼

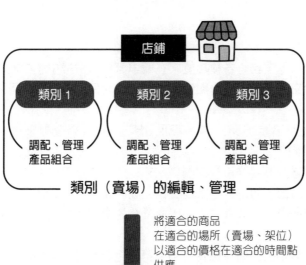

店鋪

類別 1	類別 2	類別 3
調配、管理產品組合	調配、管理產品組合	調配、管理產品組合

類別（賣場）的編輯、管理

將適合的商品
在適合的場所（賣場、架位）
以適合的價格在適合的時間點
供應

品項	Product
價格	Price
推廣	Promotion
陳列、擺設	Place

MD的4P策略

▶ 06　業務、銷售

幾乎每家公司都有的「業務部（課）」

如右圖所示，業務有各種功能。在競爭激烈的環境中，如何**將一次性、短期的交易關係轉換為與顧客間的長期關係，會是相當重要的議題**。

其中一個原因是通路的寡占發展趨勢。通路業者的整併與連鎖化，讓生產商的營收集中在少數位居領導地位的零售業者與批發業者，因此與這些業者維持長期關係比起以前來得更重要。

還有一個原因，如果只是推廣製作完成的產品，將無法與功能、品質相似的競爭產品充分差異化，因此業務的提案能力是商業的致勝關鍵。

企業對於業務的決策領域有三個。第一是**與組織結構相關，**包含以區域區分（重視成本）、以產品區分（重視服務）、以客戶的業種、業態區分（重視問題解決方案）等，有些企業也會同時結合這幾種模式。以產品區分的業務組織多站在企業的觀點思考，難以增加交叉銷售與提升顧客滿意度，這點必須留意。此決策領域包含業務組織的規模與領域（職掌範圍）設定。

第二是**與資源分配相關，**要決定對於既有／潛在顧客，還有不同產品的拜訪次數與拜訪時間分配等。如果沒有收到具體指示，業務很可能會將資源耗費在向既有顧客推銷容易銷售的既有產品。

第三是**與管理相關，**包含銷售人員（業務）的績效評估、報酬、激勵、訓練等。

業務的目的與功能

目的

與顧客建立長期的關係

功能

● 尋找銷售機會、目標客戶
● 提出問題的解決方案
● 傳遞資訊
● 銷售
● 服務
● 資訊蒐集

決策領域

• 組織結構
• 資源分配
• 管理

規避風險的三種測試

　　新事業、新產品的失敗不只會導致金錢與時間上的損失，還會導致許多問題，例如損害企業形象、員工喪失士氣、與通路業者的關係惡化，甚至會失去投資人的信賴。因此，將產品導入全國市場之前，尤其是高資本且高風險的產品，**可以進行試銷以評估失敗風險，並事先修正、變更策略與戰術計畫。**

　　試銷的目的在於掌握消費者對新產品的接受程度（營收預測、試用率、回購率、採用率＝長期購買者的比例、購買頻率、產品形象、對於價格與促銷的反應等），還有通路業者對新產品的接受程度（鋪貨率、商品陳列、價格等）。

　　試銷分為標準、控制，以及模擬三種類型。

　　前兩種都是在實際的店鋪進行，**標準試銷**是在限定區域實施全國性的計畫，因此生產商的業務需要先向區域的通路業者推銷。另外，也會在限定區域展開正式上市後的廣告與促銷活動，調查消費者的反應。**控制試銷**，是在與生產商和市調公司簽訂契約的商店，在受到管理的情況下，以事先指定的價格、商品陳列、商店中的 POP 廣告等條件銷售新產品。雖然無法得知通路業者對於新產品的反應，不過可以壓低測試所需的支出與時間。**模擬試銷**則會在下一節說明。

新產品的失敗

產品失敗的話會如何？

金錢上的損失
時間上的損失
企業形象受損
員工士氣低落
與通路業者的關係惡化
失去投資人的信賴

 所以

要進行試銷

13

測試

▶ 02　試銷（2）

衡量優點與缺點

　　新產品的營收難以成長，背後有著各式各樣的因素。

　　以快速消費品為例，若許多消費者已首次購買但回購率不高，就暗示著產品有問題，才導致滿意度偏低。如果長期消費者的比例（採用率）很高，購買頻率卻偏低，則很有可能是因為沒有充分告知顧客產品的用途與使用方法。

　　決定測試期間時，重要的是**提供足夠的時間讓消費者能再次回購，以及考量產品的季節性**。

　　試銷也有其缺點，首先是**費用與時間的問題**。產品太晚上市，很可能會失去先行者優勢。在市場執行測試，也可能讓其他企業獲知新產品的構想，因而搶先產品化。此外，也曾經有競爭企業試圖妨礙測試，展開大規模的促銷活動，讓新產品走向失敗而未能導入市場。由此可知，在判斷是否應該試銷時，**必須將這些缺點以及降低新產品失敗風險的優點放在天平的兩端衡量**。

　　模擬試銷能夠減輕上述缺點的影響。由於是在實驗室進行，並非實際的市場（商店），因此也可以稱為前測。這種方式不容易被競爭對手察覺，可以在有限的預算與時間內獲得精確度較高的結果。另外，研究公司以獨家技術開發的 Assessor 與 Tracker 等執行前測的工具也已經商業化。

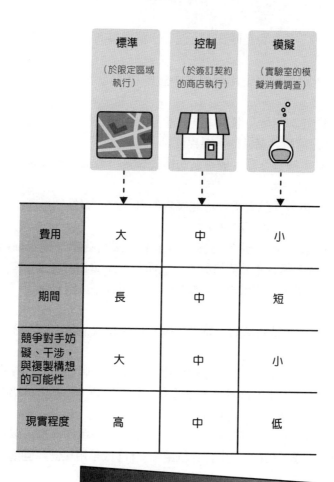

試銷的類型

	標準 （於限定區域執行）	控制 （於簽訂契約的商店執行）	模擬 （實驗室的模擬消費調查）
費用	大	中	小
期間	長	中	短
競爭對手妨礙、干涉，與複製構想的可能性	大	中	小
現實程度	高	中	低

▶ 03　模擬試銷

不在市場執行的測試

　　執行前測時，通常會在購物中心設置一個模擬商店，測試的流程如下。

　　[1] 依據產品類別的使用狀況等，在購物中心選擇目標受試者約30～40人。

　　[2] 透過問卷詢問產品類別中既有產品的相關資訊、喚起集合、偏好度、選擇品牌時各屬性的重要程度等。

　　[3] 讓受試者觀看五到六個產品的電視廣告，並且不讓受試者知道哪一項是測試產品。

　　[4] 之後，再請受試者衡量這些廣告的可信度、喜好度、產品購買意願等，以評估廣告內容的好壞。

　　[5] 提供受試者相當於平均價格的金額，讓消費者在模擬商店消費。告知消費者購買產品價格與手中金額若有差額必須自己負擔，多出的金額可以帶走，如果沒有喜歡的商品也可以不必購買，這樣可以呈現較真實的經濟狀況。

　　[6] 沒有選擇測試產品的受試者，則提供免費樣品讓消費者在家裡試用。

　　[7] 一段時間後，在受試者已經使用免費樣品的時間點，將在實驗室進行的調查 [2] 加入新產品，並透過電話再行調查。接著再給受試者能以一般價格回購新產品的機會。

　　[2] 與 [7] 是分別估算新產品上市前、後的品牌選擇機率，**以推測新產品的市占率**，[5] 是用來計算**試用率**，[7] 則是用來計算**回購率**。

模擬試銷

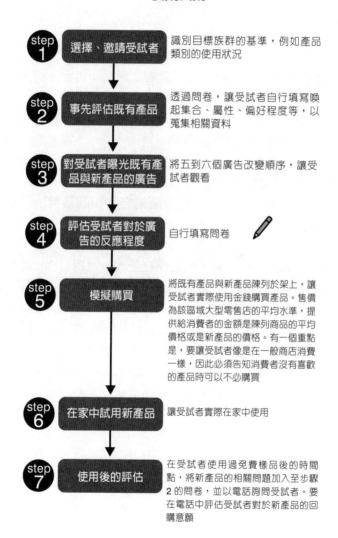

step 1 選擇、邀請受試者 — 識別目標族群的基準，例如產品類別的使用狀況

step 2 事先評估既有產品 — 透過問卷，讓受試者自行填寫喚起集合、屬性、偏好程度等，以蒐集相關資料

step 3 對受試者曝光既有產品與新產品的廣告 — 將五到六個廣告改變順序，讓受試者觀看

step 4 評估受試者對於廣告的反應程度 — 自行填寫問卷

step 5 模擬購買 — 將既有產品與新產品陳列於架上，讓受試者實際使用金錢購買產品。售價為該區域大型零售店的平均水準，提供給消費者的金額是陳列商品的平均價格或是新產品的價格。有一個重點是，要讓受試者像是在一般商店消費一樣，因此必須告知消費者沒有喜歡的產品時可以不必購買

step 6 在家中試用新產品 — 讓受試者實際在家中使用

step 7 使用後的評估 — 在受試者使用過免費樣品後的時間點，將新產品的相關問題加入至步驟 2 的問卷，並以電話詢問受試者。要在電話中評估受試者對於新產品的回購意願

13

測試

▶ 01　產品生命週期

動態推展 STP 策略與 4P 戰術

　　產品、服務的營收與利潤會隨著時間產生變化。因此，行銷策略與 4P 戰術也需要隨著變化進行動態調整，而**產品生命週期**（PLC）正說明了這個概念。產品生命週期依照產品的普及與滲透程度分為導入、成長、成熟、衰退四個階段，是由 3C——顧客（市場）（Customer）、企業（Company）、競爭（Competitors）的相關特性，以及與之相符的策略、戰術分類而來。

　　這個概念可以適用於不同大小的產品集合，如商品類別（例：電視）、型態（例：黑白、彩色、映像管電視、電漿電視）、品牌（例：WEGA、Bravia）、個別產品等。

　　PLC 是廣為人知的古典理論，但也存在著許多問題，因此在解釋理論時必須要特別留意。**PLC 強調企業端在產品生命週期的不同階段，對行銷計畫進行調整的重要性**，不過，這個階段包含行銷活動的結果，也就是營收與獲利。如果企業認為行銷活動已經不能用來管理產品的生命週期的話，只看到營收與利潤已經到頂，那麼很可能會把還在成熟期的產品誤判為衰退期。另外，延長產品壽命的方法包含拓展產品的用途與通路以引發新需求、產品改良、重新定位等。相對地，為了不斷推出新產品而縮短產品壽命的方法稱為**計畫性汰舊**，例如微軟作業系統的版本。

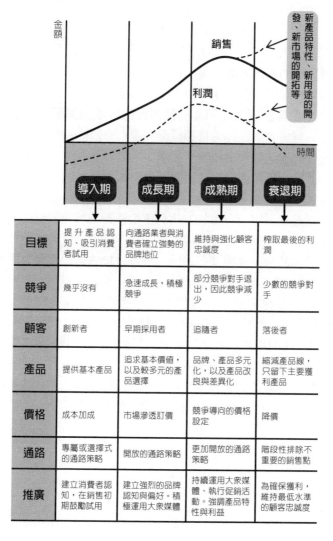

產品生命週期（Product Life Cycle, PLC）

金額

銷售

利潤

新產品特性、新市場的開拓等、新用途的開發

時間

	導入期	成長期	成熟期	衰退期
目標	提升產品認知、吸引消費者試用	向通路業者與消費者確立強勢的品牌地位	維持與強化顧客忠誠度	榨取最後的利潤
競爭	幾乎沒有	急速成長，積極競爭	部分競爭對手退出，因此競爭減少	少數的競爭對手
顧客	創新者	早期採用者	追隨者	落後者
產品	提供基本產品	追求基本價值，以及較多元的產品選擇	品牌、產品多元化，以及產品改良與差異化	縮減產品線，只留下主要獲利產品
價格	成本加成	市場滲透訂價	競爭導向的價格設定	降價
通路	專屬或選擇式的通路策略	開放的通路策略	更加開放的通路策略	階段性排除不重要的銷售點
推廣	建立消費者認知，在銷售初期鼓勵試用	建立強烈的品牌認知與偏好。積極運用大眾媒體	持續運用大眾媒體、執行促銷活動。強調產品特性與利益	為確保獲利，維持最低水準的顧客忠誠度

14

控制

▶ 02　營收預測模型

營收預測偏離軌道時必須調整

　　新產品導入成功且步入軌道後，也必須持續追蹤營收的狀況，當營收與預測有所偏離時，要迅速找出原因與因應的方法。

　　本節將介紹**企業管理成熟期產品時使用的營收預測模型**。影響營收的因素不只有由企業掌控的行銷活動，還有整體產品類別的相關趨勢、季節性、經濟／社會／技術、競爭、活動等外部環境因素。以**基線指數**的形式除去這些因素對於實際營收的影響後，就是調整後的營收（右圖算式 1）。

　　估算**基線指數**時，可以運用的方法有使用移動平均的平滑法，以及對趨勢、季節性、活動等影響營收的因素使用虛擬變數。調整後的營收再以自家公司的行銷變數進行迴歸，就可以**推估各項因素對營收帶來的影響**。

　　經常使用的預測算式，有對調整後營收與行銷變數取對數（log），並將兩個對數賦予關聯性的雙對數母體迴歸模型（log-log model），如右圖的算式 2。

　　這個模型的特徵有：①係數（b_k）是彈性（參考 9-1），代表行銷變數 k 對調整後營收的影響程度；②有將行銷變數間的相互作用納入考量；③解釋變數對於調整後營收的影響，依照係數的值可以適用遞減式（$|b_k| < 1$），也可以適用遞增式（$|b_k| > 1$）。

營收預測模型

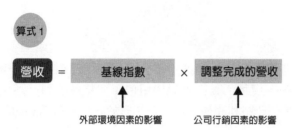

算式 1

| 營收 | = | 基線指數 | × | 調整完成的營收 |

外部環境因素的影響　　　　公司行銷因素的影響

算式 2　雙對數（log-log）母體迴歸模型

log（調整後的營收）

$$= b_0 + b_1 \times \log(\text{解釋變數 1}) + \cdots + b_k \times \log(\text{解釋變數 } k) + \varepsilon$$

係數 b_k 代表解釋變數 k 的彈性

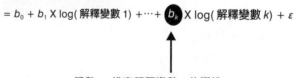

$$b_k = \frac{d \log（調整後營收）}{d \log（解釋變數 k）} = \frac{d（調整後營收）/（調整後營收）}{d（解釋變數 k）/（解釋變數 k）}$$

推廣組合中最佳的預算分配

　　推廣有各式各樣的種類，溝通的部分可以使用四項大眾媒體、網路、交通廣告等，促銷活動則可以使用傳單、特殊陳列、贈送試用品、舉辦活動等。要將利潤最大化，企業對於各項推廣活動應該如何分配預算呢？

　　讓我們使用簡單的數學模型**推估預算分配的概略目標**吧，這個方法也是顧問公司常用的方式。

　　右圖的算式代表新產品的利潤，定義是「收入（$p \cdot x$）－生產成本（$c(x)$）－推廣 m 的支出金額（a_m）」。要將利潤最大化，可以先以企業訂定的價格 p 與支出金額 a_m 進行微分，再解開設定為零的 $m + 1$ 個的聯立方程式。

　　接著，各項推廣活動相對於收入的比率，就會與**價格彈性**和**推廣彈性**的比率相等。而總預算有限的情況下，也能夠以各個彈性為比例來分配預算，如此一來就能推導出利潤最大化的情況。例如快速消費品平均的價格彈性為 -2.5，電視廣告與網路廣告的彈性分別是 0.10 與 0.05，那麼就應該將收入的 4% 與 2% 分配為電視與網路廣告的支出金額。廣告的總預算如有限制，就應該將總預算以 2 比 1 的比率分配給電視與網路廣告。這個方法是把利益放在右式，且有適當呈現出利潤作為前提，但會有像：①競爭的影響與推廣組合的長期效果並沒有被納入考量；②各個彈性的值必須要是穩定的，這樣的限制存在。

推廣組合的最佳預算分配

總預算沒有限制的情況

利潤 $(p, a_1, .., a_M) = p \cdot x - c(x) - a_1 - \cdots - a_M$

p = 價格　　x = 銷售數量　　$c(x)$ = 成本函數

注意 $x(p, a_1, .., a_M)$ 是價格 p 與推廣 m 的支出金額 a_m 之函數，並解開算式，則

$$\frac{a_m}{p \cdot x} = -\frac{\gamma_m}{\eta}$$

η = 價格彈性
γ_m = 推廣 m 的彈性

總預算有限的情況

利潤 $(p, a_1, .., a_M) = p \cdot x - c(x) - a_1 - \cdots - a_M$

限制：$a_1 + \cdots + a_M \leqq B$

B = 推廣組合的總預算

$$a_1 : \cdots : a_M = \gamma_1 : \cdots : \gamma_m$$

γ_m = 推廣 m 的彈性

第 3 部

現代行銷學

【第 3 部重點詞彙】

▼一對一行銷
能有效滿足每個顧客的需求，將需求不同的顧客之滿意度最大化。IT 技術的發展讓企業得以對每位客戶提供客製化的服務。

▼顧客關係管理（Customer Relationship Management, CRM）
以顧客為單位檢視業務，藉由取得新客戶、保留既有客戶、交叉銷售等方式，以長期性的觀點獲取收益。是滿足個別顧客需求的重要概念，

▼購物積點計畫（Frequent Shopper Program, FSP）
重視優良顧客，並努力向潛在優良顧客行銷的一種機制。將優良顧客差異化，依照貢獻程度採取優待措施等，以確保能留住顧客。

▼ RFM 分析
除了消費金額（Monetary）之外，也以消費頻率（Frequency）、上次消費日期（Recency）來判斷優良顧客的分析方法。依照顧客的評分實施適合的策略。

▼顧客終身價值（Life Time Value, LTV）

企業預期從客戶一生中獲得的收益。長遠的行銷會以最大化顧客終身價值為目標。基本概念是「平均利潤 × 購買頻率 × 客戶生涯期間－保留顧客的總投資金額」。

▼顧客權益（Customer Equity）

每個潛在顧客的長期價值。簡單來說，是將企業從第一年的「新顧客」所得到的利潤，以及從第二年以後的「既有客戶」所得到的終身價值，以適當的折現率合併計算。

▼品牌權益

品牌是企業無形資產的價值。培育、管理品牌時，必須評估品牌資產，並持續監控品牌力。

▼體驗行銷

購買、消費、使用產品與服務在消費者心中產生的價值，會讓消費者記憶更深刻，因此這個方式強調的是消費者的「體驗」，讓消費者心中留下深刻的品牌印象。

▼服務主導邏輯（Service Dominant Logic）

以綜合性的觀點思考「商品」與「服務」，從「企業如何與顧客共創價值」的角度看待行銷。如今許多品牌都已經從財貨交易進化為結合有形商品與無形勞務的交易。

▼收益管理

透過價格調整來管理需求的方式。是 1970 年代美國航空業界法規放寬，導致競爭更為激烈的背景下出現的方式，企業依照顧客願意支付的金額妥善管理價格，試圖將收益最大化。

▶ 01　一對一行銷

從大眾走向個人的行銷

　　要將顧客滿意度最大化，最理想的方式當然是滿足個別顧客的需求。然而，考量商業的利益與成本、企業難以接觸每個人，以及不容易差異化等因素，**一般來說，企業都是透過市場區隔的方式滿足不同族群的需求**。不過，若顧客的數量在一定範圍內，企業也會視情況對顧客提供個別的服務，例如交易金額較高、具有長期交易關係的顧客等。舉例來說，就像多數為顧客提供解決方案的 B2B 商務、房屋與汽車銷售，還有百貨公司對富裕人士提供的直接銷售服務／服務人員等。

　　近年來 IT 技術的發展，讓企業開始能透過一對一行銷向每位顧客提供客製化的服務，例如電腦的接單後生產（Build to Order, BTO）、依照 TPO（時間、地點、場合）與競爭情況訂價、根據購買與瀏覽紀錄出現的推薦商品、線上與實體店鋪優惠券的產品與票面金額會依個別消費者客製化、多管道的購買途徑等。

　　滿足個別顧客需求時有個重要概念，檢視業務時要以顧客為單位，而不是交易、銷售等數字，並透過取得新顧客、保留既有顧客、交叉銷售等方式獲取長期的收益，這就是顧客關係管理（Customer Relationship Management, CRM）。由於**取得新顧客的成本是維持既有顧客的 5～10 倍**之多，因此與顧客建立長期關係，持續交易是相當重要的。也因為如此，透過各種資訊來源建立顧客的資料庫，理解顧客的需求、提供符合客戶需求的價值，是相當重要的。

透過 IT 技術實現一對一行銷

IT 技術　讓企業能夠實施一對一行銷，針對個人提供客製化的服務

電腦 BTO（Build to Order）

依照 TPO 與競爭情況訂價

根據購買與瀏覽紀錄出現的推薦商品

線上與實體店鋪優惠券的產品與票面金額會依個別消費者客製化

多管道的購買途徑

留住優良顧客

　CRM 的重要性日益提升，是因為實際上極為少數的優良顧客貢獻了很大部分的營收。這就是所謂的「**80／20 法則**」，**前 20% 的顧客貢獻了 80% 的營收**。80／20 法則同時也是著名的柏拉圖法則與冪次定律，運用在所得與商品別的營收分布。80／20 代表營收集中於前段顧客的程度，不過比例會依業界而異，以日本與美國的超市為例，這個比例分別是 60／40 與 70／30 左右。

　要讓有限的資源得以充分運用，企業必須重視對利潤有更多貢獻的優良顧客，除了當下的優良顧客之外，**也應該努力向未來的潛在優良顧客行銷**。

　FSP 就是這樣的機制，以前的紙本集點卡與現在的實體集點卡就是知名的例子，據說最早採用 FSP 作為 CRM 工具的是 1981 年美國航空的飛行常客獎勵計畫（Frequent Flyer Program），透過提供優良顧客點數回饋的優待，**提高轉換至競爭對手服務的成本**，以留住優良的顧客，而累積顧客特性與購買紀錄資訊後，又可以再運用到一對一行銷。

　FSP 的用意是「鑑別」優良顧客，「鑑別」聽起來或許感覺不是很好，不過這是一個「公平」的機制，提供相應的優惠給為公司貢獻更多利潤的熟客。不過，行銷時如果沒辦法運用蒐集到的顧客資訊，那麼競爭對手也能輕易模仿，最後 FSP 會淪為折價的工具，必須留意。

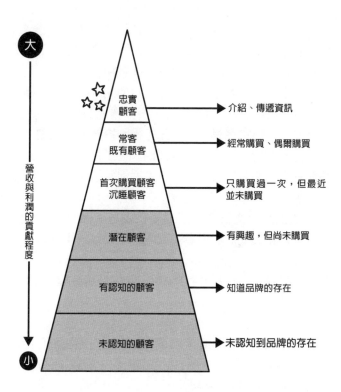

顧客金字塔與營收貢獻度

大

營收與利潤的貢獻程度

忠實顧客 → 介紹、傳遞資訊

常客 既有顧客 → 經常購買、偶爾購買

首次購買顧客 沉睡顧客 → 只購買過一次，但最近並未購買

潛在顧客 → 有興趣，但尚未購買

有認知的顧客 → 知道品牌的存在

未認知的顧客 → 未認知到品牌的存在

小

越往金字塔的上層，顧客對企業、商店的營收與利益貢獻程度就越高。潛在顧客以下的階層，對於營收與利潤並無貢獻。

15

C
R
M

辨識優良顧客

　　如何才能找出對企業獲利有所貢獻的優良顧客呢？

　　如果使用集點卡等 CRM 工具儲存消費者的消費紀錄，那麼最簡單的方法就是計算客戶的消費總額，以找出優良顧客。

　　實務上經常使用**十分位數分析**，計算一定期間內的消費金額，將顧客平均分為 10 組，接著再將有限的行銷資源透過 DM（Direct Mail）與行銷活動等方式，**對排名第二、第三的組別實施促銷活動**。

　　不過，如果持續對同一批「排名較高的顧客」傳送 DM，不僅效果會受到**收益遞減**（飽和）的效應影響，過度促銷可能導致客戶不耐，最後招來反效果。

　　此外，去年的消費金額很多可能只是代表單次購買高價商品，消費者有可能平時都在其他商店消費，或是已經搬家，不會再次來店消費。

　　這時候我們可以進一步使用 RFM 分析，除了消費金額（Monetary）較高以外，還要消費頻率（Frequency）高、最近曾經消費（Recency）的客戶，才能歸類為優良顧客。

　　離上次消費日期較久（最近並未消費），是因為顧客很可能已經變心。使用 RFM 分析時，要將 RFM 的三個指標分別以 1～5 來評分，再依照客戶的分數採取適合的策略。

RFM 分析的案例

	上次消費日期 （Recency）	消費頻率 （Frequency）	消費金額 （Monetary）
等級 5	1 週以內	20 次以上	20 萬元以上
等級 4	2 週以內	10 次以上	10 萬元以上
等級 3	1 個月以內	5 次以上	5 萬元以上
等級 2	3 個月以內	2 次以上	1 萬元以上
等級 1	超過 3 個月	不到 2 次	不到 1 萬元

分為幾個等級、如何劃分等級，會因為業種、業界、商品與進行分析的時期，以及使用資料的期間而異。

15

C
R
M

投資潛在優良顧客也相當重要

只是將 RFM 分析視為分組工具，計算三個指標的評分總和，對分數較高的客群展開行動，這樣是不夠的。而且，RFM 指標呈現的是當下的消費行為，對於未來可能成為「優良」顧客的**潛在顧客可能會有資源分配不足的情況**。RFM 分析原本就是「削減成本」的工具，用來減少成效不彰的型錄寄送，早在 CRM 的概念出現前就已經受到使用。

CRM 的概念是認知每位顧客的差異性，採取適合每位顧客的方式，以建立長期關係。我們必須了解各個指標代表的顧客購買狀態，並以時間軸檢視其變化，再針對「每位顧客」提供最合適的行銷活動。

右圖是運用 **RFM 分析執行 CRM 的有效案例**，雖然是 CRM 實務上常用的方法，不過存在著幾個問題。

第一是**沒有考量 RFM 三個指標之間的相關性**。如果消費頻率較高，消費金額通常也比較高。另外，即便上次消費日期相同，消費頻率較高的顧客會比頻率較低的顧客更容易變心（參考 15-5）。

第二個問題是**以消費金額評估顧客，而非利潤**。將對每位顧客實施的行銷活動都視為成本，就能執行更有效的 CRM。此外，即使不同的消費者在相同期間，支出相同的消費金額，也難以區別顧客是對特賣活動不敏感的忠誠顧客，或者是專買特賣品，貪小便宜的顧客。

使用 RFM 分析
有效實施 CRM 的範例

這種情況該怎麼做？

顧客關係管理（CRM）實施範例
Customer Relationship Management

設法讓「最近不曾消費」的流失、沉睡顧客回流

使用回歸優惠與生日折扣等，以提醒＋提供誘因的方式促銷

設法讓「消費金額與頻率較低」，可能流失、沉睡的顧客再度活躍

透過推薦商品、交叉銷售等，向消費者提供資訊＋給予合併購買優惠，以提供誘因的方式促銷

對既有的「優良顧客」提供感謝、回饋方案

給予消費者尊榮的感受與回饋方案，以及貴賓限定的活動及特賣活動等，以建立忠誠度的方式促銷

15

C
R
M

在顧客一生中所能獲取的收益

　　RFM 分析是運用三個指標描述既有的顧客消費紀錄，而對於重視與顧客建立長期關係的 CRM 來說，評估未來的消費行爲與顧客保留成本，將企業從每位顧客一生中獲得的收益最大化會是有效的方法，這就稱爲**顧客終身價值（Life Time Value, LTV）**，**基本概念是「平均利潤 × 消費頻率 × 生涯期間－顧客保留的總投資金額」**。

　　嚴格來說，①由於既有顧客的生涯期間無法預知，因此需要從以往顧客流失的比率來推估；②將來可以獲得的利潤必須換算爲淨現值（Net Present Value），因此，計算時要將每年「從顧客獲得的預期收益－顧客保留成本」，**扣除顧客流失率與期望報酬率**（折現率），再加總計算，得出客戶生涯期間的總價值。如果是定期訂閱與收費會員，那麼每年顧客流失的比率就相當於解約率。

　　然而，如果是年費這類的費用由於「不具契約關係」，顧客並沒有支付的義務，這時候流失的顧客單純是不再購買，並無法得知解約率。通常在這種情況下，企業會根據過往的經驗判斷，例如認定 3 個月都沒有購買，就認定爲流失的顧客。

　　只不過，即使最近一次的購買都是 3 個月前，很久才購買一次的顧客較不需要擔心，但購買間隔較短的顧客卻很可能已經流失。因此，更精細的做法是使用 RF 指標計算每位顧客的流失機率，如右圖所示，企業可以更明確辨識出即將流失與沉睡的顧客（Problem Child）。

「不具契約關係」時的 RF 分析

RF 分析（既有）

高 ←—— 消費頻率 ——→ 低

最近 ↑ 上次消費日期 ↓ 以前	明星 （Star）	金牛 （Cash Cow）	活躍 ↑
	問題 （Problem Child）	瘦狗 （Dog）	↓ 變心、沉睡

一定期間內都未購買的顧客，則判斷為流失、沉睡顧客
⇒即使最近一次購買的日期相同，原本購買間隔就比較長的顧客並不需要擔心，時間間隔較短的顧客則很可能已經流失

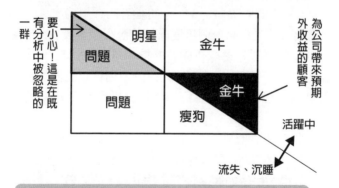

要小心！這是在既有分析中被忽略的一群

明星
問題

問題
金牛
瘦狗

為公司帶來預期外收益的顧客

活躍中

流失、沉睡

距離最後一次購買經過多久後，顧客流失的風險才算高，判斷這個問題時，必須考量顧客原本的購買間隔
⇒計算每一位顧客的流失機率

出處：阿部誠，〈運用 RFM 資料計算顧客終身價值—既有客戶的保留與新客戶的取得〉（暫譯），*Japan Marketing Journal*, Japan Marketing Association 133 (2014/6)

▶ 06　顧客資產

顧客的長期價值也包含潛在顧客

　　再怎麼透過 CRM 投入資源保留顧客，也無法完全避免顧客流失、沉睡，企業想要持續成長、獲利，就必須同時獲取新客戶。這裡有個重要的概念是**顧客權益**（Customer Equity），是每位潛在顧客的長期價值。簡單來說，顧客權益就是把企業預期從第一年「新顧客」獲取的利益（＝收益－顧客取得成本），以及第二年以後「既有顧客」的終身價值以適當的折現率合併計算。

　　右圖是以時間序列呈現潛在顧客的狀態，右側是每位潛在顧客的收益，左側是需要的投資金額，而中央部分則是留住顧客的機率。

　　將取得每位顧客的投資金額，以及每年留住顧客所投資的金額分別以 a 與 r 表示，每年的收益則是 M，取得顧客的機率為 P_a，一年後的顧客保留率為 P_r。首先在第一個年度向每位潛在顧客投資 a，直到年度結束，可以從潛在顧客獲取新顧客的機率是 P_a，因此可以得到 P_a × M 的收益。下個年度開始，每年都投資 r，則可以從顧客獲得的收益是 M，但是顧客留下的機率，每一年都會以保留率 P_r 呈現指數衰減。

　　顧客資產是將每年的收支（左側、右側）換算為淨現值（NPV）而來，會受到取得機率 P_a、顧客保留率 P_r，以及收益 M 等數值影響，而這些數值是取得、保留顧客之投資金額 a 與 r 的函數。透過這個方式，在有限的 CRM 預算下，決定最佳的取得、保留顧客投資金額，這樣一來，**企業將能把長期收益目標，也就是顧客資產最大化。**

顧客權益（Customer Equity）

將企業能從新顧客與既有客戶獲取的實質利潤，換算
為淨現值（Net Present Value）並計算總和

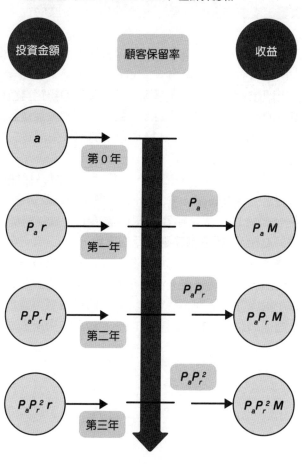

▶ 01　減緩資訊不對稱的問題

大幅改變經濟環境的網路

　　網路最大的特徵，就是同時可以傳遞與接收資訊。電腦等資訊裝置連接**互動式媒體**後變成強大的工具，對於消費者與企業的行為帶來很大的影響。

　　在網路普及之前，位於供應端的企業所擁有的產品、服務相關資訊遠多於需求端的消費者，然而消費者成為資訊處理者之後（參考第 3 章），只要提出問題就能馬上得到解答，這**一連串的網路資訊搜尋行為大幅減緩資訊的不對稱**。結果就如下一節將介紹的，消費者端握有更強大的力量，在 4P 策略中，決定權從企業端轉移到消費者端，形成新的商業模式。

　　網路也讓企業策略發生很大的變化，像是企業更容易接觸顧客的「直接面對消費者」（Direct to Customer）模式，以及透過 IT 技術提升效率，讓企業得以「滿足顧客的個別需求」，以往只能運用在 B2B 與郵購等的 CRM，**如今有了更廣泛的應用**。

　　網路也讓經濟系統本身的結構產生變化，最近有越來越多消費者提供手邊多餘的產品、服務（住宿、汽車、財物）給其他消費者，例如 Airbnb、Uber、拍賣等。這裡並沒有區分財貨的供應者與需求者，一般認為，這是透過網路的 C2C（消費者之間）相互作用所形成的一種**共享經濟**。

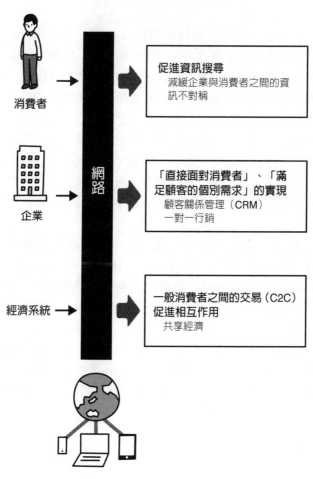

大幅改變經濟環境的網路

消費者 → 網路 → 促進資訊搜尋
減緩企業與消費者之間的資訊不對稱

企業 → 網路 → 「直接面對消費者」、「滿足顧客的個別需求」的實現
顧客關係管理（CRM）
一對一行銷

經濟系統 → 網路 → 一般消費者之間的交易（C2C）
促進相互作用
共享經濟

16

網路

由消費者開發產品的時代

在網路普及以前，產品、服務的供應者與需求者等角色區分非常明確，即使消費者反映了意見，企業還是握有產品開發的主導權。不過，**在消費者透過網路擁有更多知識後出現了新的商業模式，產品規格的決定權，甚至是產品開發的主導權都轉移到消費者的身上。**

基本的型態有常見的電腦、旅遊行程產品客製化，稱為**接單後生產**（Build to Order, BTO）。顧客在螢幕上比較每個組成元素的設計和價格，再依照自己的喜好建立規格。對顧客的好處是選擇的自由度提高，同時也省去與業務一來一往的應對，對企業的好處則是自動化使得人事成本降低，而且收到訂單後才著手生產，能有效降低庫存的風險。

將這個型態進一步發展後，企業會將部分的產品開發交由「**生產性消費者**」（Prosumer）執行，也就是具有專業知識的消費者（Professional + Consumer）。以軟體為例，企業會將發布前的 Beta 版軟體無償提供給前瞻使用者，藉此獲得回饋與改善的構思，或是像 Linux 與維基百科一樣，將所有的開發流程交由使用者執行。如果是產品，則可以像日本的網站「CUUSOO」（原名：空想生活）的模式，向消費者募集產品開發的構思，有一定的人數贊同後，再將產品的開發、製造委託給生產業者。而將這個概念普及的，就是在網路提出事業構思並募集資金的群眾募資。

透過網路共同開發新產品

以往

擁有主導權

難以傳達意見

企業

消費者

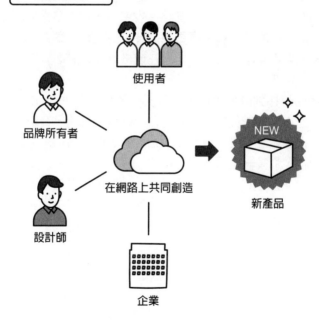

網路普及後

使用者

品牌所有者

在網路上共同創造

設計師

企業

NEW

新產品

▶ 03 對於「價格」層面的影響

價格的決定權轉移到消費者手中

　　將 CRM 與收益管理（參考 19-5）搭配運用，就能夠依照顧客、庫存、需求、時間，即時且仔細地調整價格。不過，亞馬遜公司對新客戶與既有客戶顯示不同的價格，以及可口可樂評估要依據天氣調整自動販賣機的價格時，都掀起了一番議論，這種**不公平與令人感到不合理的訂價策略在網路上招來猛烈批判**，讓企業的形象大受損害。對不同顧客設定不同的訂價時有一點非常重要，那就是設定明確的規則，讓顧客感覺公平。

　　蒐集、比較大量的價格資料時，網路是一項有用的工具，而後來的價格比較網站將這個作業流程自動化、效率化，還有日本的 ShopBot 的出現，**讓消費者的價格敏感度更為提升**，促使零售業者間有更激烈的價格競爭，對零售業者來說，如何在價格以外的層面差異化，是極度重要的議題。

　　價格決定權轉移到顧客手中，具代表性的例子有 Priceline 公司的**反向拍賣**，運作機制是顧客先指定住宿的區域、日期、等級，並告知期望價格，供給端同意後，就必須告知具體的飯店名稱，協助完成無法取消的預約，最後再透過信用卡收費。

　　此外，新的支付方式也開始廣泛普及，例如電子錢包與比特幣等虛擬貨幣，貨幣經濟逐漸走向共享經濟，網路的力量似乎加速了以物易物的趨勢。

行銷反向拍賣的機制是什麼？

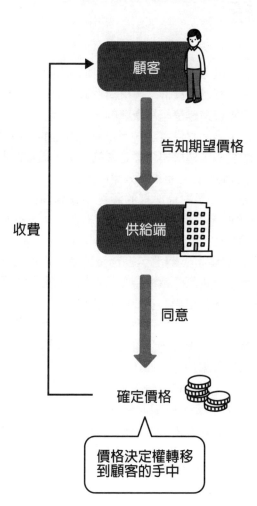

顧客

↓ 告知期望價格

供給端

↓ 同意

確定價格

收費

價格決定權轉移
到顧客的手中

▶ 04　對於「推廣」層面的影響

「企業與消費者」、「消費者與消費者」的雙向連結

　　網路具有雙向性的特徵，符合溝通的原始目的。透過單向的大眾媒體以較廣而淺的方式觸及目標族群，再引導消費者前往網站，這種媒體間相互作用的**交叉媒體策略是相當重要的**。

　　網站中也不要只是單方面提供資訊，而是運用網路的雙向性，促使訪客積極參與，**在顧客心中建構與企業之間的連結，這稱為顧客契合**（Customer Engagement），是很有效果的方式。

　　以動態搜尋廣告為例，要對什麼樣的關鍵字在哪個位置顯示廣告（搜尋結果），對於能否引導消費者前往自家網站以及轉換率都會有很大的影響，而**搜尋引擎最佳化**（Search Engine Optimization, SEO）能幫助我們將關鍵字、關鍵字組合、出價等條件最佳化。此外，當多筆造訪次數中有實際的轉換時，計算每個關鍵字貢獻程度的**歸因模式**，會成為決定廣告出價的重要參考依據。

　　消費者透過 SNS、社群、推特等媒體相互作用，所形成的口碑對企業影響甚大，可能是好的影響，也可能是壞的影響。病毒行銷與隱形行銷就是利用網路口碑來創造、操作話題，雖然相當有效，不過用戶的話題走向管理不易，可能會演變為企業預料之外的發展，若是企業隱瞞宣傳目的、偽裝中立來欺騙消費者，也可能會遭受批評。此外，網路傳出醜聞時，企業會需要比以往更敏捷、迅速地進行危機管理與公開資訊。

對於推廣層面的影響

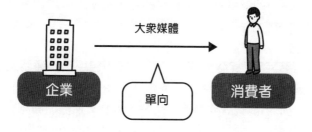

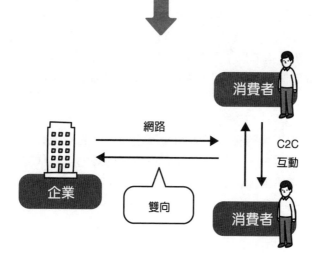

新登場的「資訊」中間商

CRM 的普及讓製造業者更容易管理顧客，這使得排除通路業者，直接對客戶銷售的型態更加常見，尤其是從支付到運送都在網路上完成的數位資訊財。

如果以「網路通路或實體通路」，「直接銷售或透過通路業者」為條件分為四類，會發現如今有許多業界與企業採用了多重的銷售通路，這種情況下，消費者要購買商品時，會到實體店面確認實體商品，但不會當場購買，而是到購物網站以低於商店的價格購買，而這種**「展示間行為」**已經構成問題。通路也和媒體策略一樣，如何運用不同通路特性的差異還有通路間的相互作用，以實施有效的全通路行銷，會是今後日趨重要的議題。

網路讓世界上流通的資訊量有了飛躍性的成長，但是人能處理的資訊量依然有限，這導致了「資訊過載」的問題，也讓人的資訊處理行為有了改變，例如人們以低參與度（直覺、非邏輯性）的方式同時處理多個資訊來源、重視資料統整網站與排名網站等**「統整過的資訊」**，以及過度信賴**「自媒體」**的口碑，更勝於大眾媒體。

在這樣的背景下，**許多資訊中間商應運而生**，它們減輕資訊過剩對消費者造成的負擔，**促進消費者與企業間的媒合**，具代表性的資訊中間商有日本的 KAKAKU.com（比價網站）、Tabelog（餐廳評論網站），以及 TripAdvisor（旅遊評論網站）等整合式搜尋引擎與 ShopBot。

對於通路層面影響的例子（SONY 的多重通路）

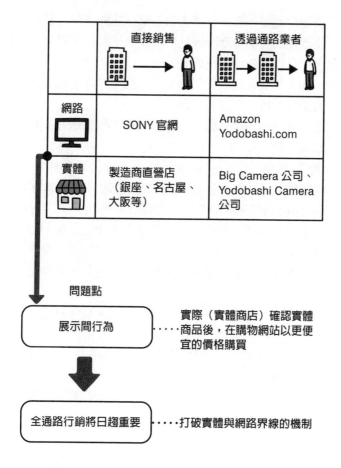

	直接銷售	透過通路業者
網路	SONY 官網	Amazon Yodobashi.com
實體	製造商直營店 （銀座、名古屋、 大阪等）	Big Camera 公司、 Yodobashi Camera 公司

問題點

展示間行為 ······ 實際（實體商店）確認實體商品後，在購物網站以更便宜的價格購買

全通路行銷將日趨重要 ······ 打破實體與網路界線的機制

▶ 01　是寶藏也是垃圾

大數據有什麼用途？

　　隨著資訊技術的發達，每一天都會有各種型態的資料大量產出（右圖），我們生活中的資訊暴增，因此能夠深入了解每位顧客，實踐更有效的行銷，這是以前無法比擬的。

　　反過來說，如果無法從這些資料中獲得知識與見解，那麼儲存的資料只會變成麻煩的垃圾，而不是資訊。

　　現在有許多企業不了解**如何從大數據抽取有用的資訊並運用於行銷**，因此而陷入困境。

　　假設有個點數系統只依照消費金額給予一致的點數回饋，原本這個系統的價值在於分析所蒐集的消費者購買紀錄，並執行有效的CRM，然而這個機制最後卻只是引發回饋比率的競爭，導致競爭過度的情況，企業可能還因此納悶「為什麼導入 FSP（參考 15-2）之後收益卻沒有提升」。其實，當消費者手中持有多張相似競爭企業的集點卡時，就已經失去提升顧客忠誠度的原意了。另外，就算不將用戶的評價、上傳的評論，以及學習顧客喜好的 CRM 系統等資訊用於分析，這些資訊本身也會提高顧客的品牌轉換成本，成為打造企業競爭優勢的武器。

　　大數據的「大」（Big），在於「**容量**」（Volume）、「**多樣性**」（Variety）、「**速度**」（Velocity）這三個面向，而如何從中導出「**正確性**」（Veracity）與「**價值**」（Value）則是如今商業上最需要優先思考的議題。

大數據是什麼？

網站資料

購買紀錄、部落格文章等

（電商網站與部落格等累積於網站中的資料）

多媒體資料

音檔、影片等

（透過網路上串流平台提供）

社群媒體資料

用戶的簡介與評論等

（用戶上傳到社群媒體的內容）

顧客資料

直效行銷等促銷活動資料、會員卡資料等

（例如以 CRM 系統管理）

大數據

感測器資料

位置、乘車紀錄、溫度、加速度等

（例如透過 GPS、IC 卡、REID 等進行偵測）

辦公室資料

辦公室的文章、信件等

（透過辦公室電腦製作的檔案）

日誌資料

存取日誌、錯誤日誌等

（例如網路伺服器自動產生的資料）

操作數據

POS 資料、交易明細資料等

（例如銷售管理等業務系統所產生的資料）

17

大數據

▶ 02 資料挖礦與 AI
在資料海中尋寶！

　　資料挖礦是從大規模資料中抽取有益資訊的過程，這種方法相當重視計算速度與實用性，著重在探索式的分析。依據「是否具有目標（反應）變數」及「使用的方式」，可以概分爲四種類型（右表）。

　　以下是行銷學中常見的例子，「**關聯規則**」是從大量購買資料中，自動抽取經常合併購買的商品資料，這爲商店的商品陳列與推薦商品提供了重要的線索。「**集群分析**」是依照過去購買的商品種類將顧客分類，針對不同市場區隔採取合適的促銷活動。「**迴歸分析**」是推估連續型變數的反應變數以及解釋變數之間的關係，例如便利商店在預估需求時，會使用以往的銷售資料分析日期時間、天氣、附近的活動等會如何影響不同商品的銷售量。「**判別分析**」則可以解釋爲反應變數爲類別型變數時的迴歸分析，將顧客在 RFM 分析（參考 15-3）的所屬等級或顧客的「購買意願」，與顧客的人口特徵建立關聯性。

　　AI 的定義五花八門，我們也可以將其解釋爲**藉由機器學習**發展決策能力的一項技術。在 1950 年代後半出現的類神經網路概念引發了 AI 的第一次浪潮，如今則因爲深度學習走向實用化，興起第三次的浪潮，而背景因素則是硬體的發達，讓大數據與龐大資料的計算得以並行處理。

資料挖礦與 AI

資料挖礦

型態	目的	方法	
		統計分析	機器學習
知識發現型（不具目標變數）	視覺化	描述統計	自組織映射圖、文字挖礦
知識發現型（不具目標變數）	關聯性	相關係數、集群分析、主成分分析、因子分析、對應分析	找出模式與規則、關聯規則、貝氏網路
預測導向型（具有目標變數）	分類	判別分析、Logit 模型	K-Means、決策樹、SVM、類神經網路、隨機森林
預測導向型（具有目標變數）	推估	迴歸分析、線性迴歸、邏輯斯迴歸	類神經網路、隨機森林

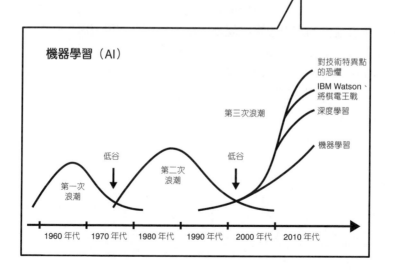

機器學習（AI）

對技術特異點的恐懼

IBM Watson、將棋電王戰

深度學習

機器學習

第三次浪潮

低谷

第一次浪潮

第二次浪潮

低谷

1960 年代　1970 年代　1980 年代　1990 年代　2000 年代　2010 年代

17

大數據

▶ 03　模擬

使用大數據進行「思考實驗」

　　受到各種因素交互影響的**複雜系統是如何運作的**？分析、理解這個問題時，**模擬是個非常有效的方法**。以管理者所使用的管理飛行模擬器為例，管理者透過握把與搖桿輸入自己的判斷，這些判斷會呈現為各式指標（認知率、品牌形象、營收、市占率、獲利、股價等），顯示在儀表板上，如此一來，管理者就能在虛擬情境下，以零風險的方式評估決策後的結果，這種方式對於訓練管理者的直覺也相當有效。

　　這裡有一點必須注意，並不是將必要的資料輸入電腦後，電腦就會依照命令輸出解決方案。

　　模擬器的背後其實是透過理論與資料重現真實情況的模型。即使是使用超級電腦模擬的天氣預報，也經常會有不準確的情況，而商務領域中的不確定因素（例如競爭對手的行動）還要更多，因此經常會發生模擬器的精確度在實務上不敷使用的情況。與其用於預測，**使用模擬器進行「思考實驗」，以建構假說並將模型精緻化，會帶來更大的幫助**。精確度高的模型忠實呈現出因素間的相互作用與因果關係，這種模型本身就是知識的累積，支持著企業的競爭優勢。

　　近年來受到注目的「**多元行為者系統**」（Multi-Agent Simulation, MAS）則是由多數自發性合作與學習的行為者（消費者與企業）相互作用下之結果，呈現出整體系統的現象。

模擬是什麼？

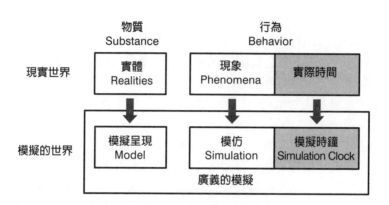

現實世界

物質 Substance	行為 Behavior	
實體 Realities	現象 Phenomena	實際時間

模擬的世界

模擬呈現 Model	模仿 Simulation	模擬時鐘 Simulation Clock

廣義的模擬

模擬的運作流程

STEP1　觀察實際的現象

STEP2　建立模型（假說）

STEP3　在虛擬環境中測試

STEP4　分析測試結果

STEP5　回到 STEP2 修正假說

🛈
- 並不是將必要的資料輸入電腦後，電腦就會依照命令輸出解決方案
- 比起是否能精準預測，使用模擬器進行「思想實驗」更有助於將假說精緻化
- 解釋最終模型的假說與預測

17

大數據

▶ 04　AI 的陷阱

AI 在商業運用上的兩個弱點

　　將 AI 運用於商業時會有**兩個弱點**，第一個是 AI 雖然擅長尋找關聯性，但是卻**不擅於推導因果關係**。這項弱點可能會帶來一個更嚴重的結果，那就是人類取得 AI 的結果後，將關聯性誤判為因果關係，並展開決策。

　　假設去年夏天有某個啤酒品牌，在使用 AI 分析包含區域別營收與廣告量資料的大數據之後，得知增加廣告能讓營收大幅提升，於是決定今年的夏天也要增加廣告量。這個決策①假設「廣告會提升營收」屬於因果關係，但是有沒有其他的可能性，像是②營收提升的地區剛好獲得新的預算分配，因此才增加廣告量（**因果倒置**），或是③酷熱的天氣（與廣告並無關係）讓營收提升，同時公司也對於天氣酷熱，可能會有不錯業績的地區提升廣告量（酷熱天氣＝**干擾因子**）呢？

　　右圖呈現出 x ＝廣告、y ＝營收、z ＝酷熱天氣時，以及①～③的關聯性。為了確定真正的因果關係，會需要比較事實與反事實（Counterfactual，「假設」將原因去除後，會產生什麼結果），不過這裡的「假設」並無法觀察，唯一的解決方法是採用**隨機對照實驗**（Randomized Control Trial, RCT），以能夠相互比較的組別觀察反事實。不過，AI 並無法自行展開實驗，大數據也只是觀察的資料。

　　右圖下方是無法執行 RCT 時，如何從觀察資料導出因果關係的四種方法，使用這些方法時，**如果要建立合適的反事實，消費者行為等理論就變得相當重要**。

AI 的陷阱

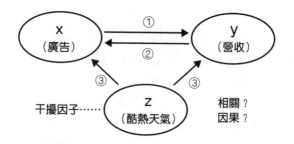

相關？
因果？

干擾因子……

 「關聯性」與「因果關係」是不一樣的

① X 影響了 Y
② Y 影響了 X
③ Z 影響了 X 與 Y

若 X 與 Y 有關聯，則存在三種可能性

如果要證明因果關係

就必須比較 事實 與 反事實

反事實是無法觀察的
（因為反事實並不存在）

使用隨機對照實驗
（RCT）是有效的

無法執行 RCT 時，
如何以觀察的資料
解決？

1. 自然實驗
2. 斷點迴歸設計
3. 工具變數法
4. 差異中之差異分析

▶ 05　大數據的悖論

明明是大數據，資料卻不足夠！？

　　理解每個消費者之間的差異，對 STP 策略與 CRM 來說尤其重要，舉例來說，美國沃爾瑪公司以關聯規則（參考 17-2）分析大量的購買資料，發現啤酒與尿布一起購買的機率相當高，不過這是否適用於女性或所得較高的高齡男性呢？

　　AI 的第二個弱點是，學習時需要大量的資料，即使能夠找出母群體的整體規則，也**不容易推導出個人間的規則差異**。

　　根據顧客的特性，將大數據依照同質性切割為不同的市場區隔，再依照不同區隔找出規則，雖然看似可行，不過執行時會遇到兩個問題。首先，隨著特性的數量增加，市場區隔的數量也會呈現幾何級數的增長。再者，同一個市場區隔的不同顧客也存在著差異。而近年來 GPS 與行動裝置的發展，讓企業能夠因應顧客的位置與狀態，即時取得顧客的資料，因此可以得知同一位消費者因為 TPO（時間、地點、場合）而產生的購買行為改變，而評估這種**消費者**異質性的重要性日益提升。

　　為了讓分析更為精緻化而進一步細分資料，最後卻不知不覺地陷入一個悖論──「大數據的資料完全不夠」。這樣的情況下，**使用貝氏方法，以母群體的資訊補足不足的個人資訊是相當有效的**。總之，想要克服 AI 的弱點，使用大數據時能運用自如，就必須彈性運用消費者行為等理論與新的方法。

大數據的悖論

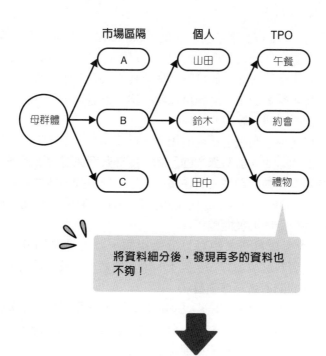

將資料細分後，發現再多的資料也不夠！

想要克服 AI 的弱點，使用大數據時能運用自如，就必須彈性運用新的理論與方法

品牌是企業對客戶的「承諾」

　　品牌的原文「brand」來自英文中的「burned」，是源自於北歐的詞彙，據說起源是當地人在放牧的牛上，以及存放釀造後威士忌、葡萄酒的酒樽上所烙印的文字與符號，用來辨識擁有者與生產者。

　　在現代的行銷學領域中，品牌可以解釋爲企業透過產品、服務，向顧客提供價值的印記（**象徵**）。

　　品牌反映出各種產品吸引顧客的因素，能讓顧客心中產生「這個產品與眾不同」的印象。**擁有強大的品牌，能提升行銷的投資效率，在面對競爭時具有堅強的韌性，對企業來說是一項重要的無形資產。**

　　培育、管理品牌時，必須評估這項無形資產的價值（稱爲品牌權益），並持續對品牌力展開監控。

　　品牌權益的衡量方法大約可以分爲兩類，分別是**財務基準衡量法**，根據會計資料呈現品牌在金錢上的附加價值，以及以消費者與市場資料爲依據的**消費者基準衡量法**。

　　後者還可以再區分爲間接路徑法與直接路徑法，間接路徑法是透過問卷資料衡量顧客的品牌認知與品牌形象等品牌權益的來源，直接路徑法是透過偏好、購買資料來衡量品牌權益的成果。

　　如右圖，品牌分爲不同的階層，而不同階層適合的衡量方法也有所差異。

品牌權益的評估方法與適用範圍

	豐田汽車	花王
公司品牌	TOYOTA	KAO
事業品牌	LEXUS、TOYOTA、日野	Kanebo、NIVEA
產品品牌	PRIUS、COROLLA	Biore、Attack、Healthya
副品牌	PRIUS PHV、PRIUS α	Biore u、Biore UV、MEN'S Biore
要素品牌	TNGA、GOA、Toyota Safety Sense	Biogel、Marshmallow Whip

品牌的階層範例

品牌價值的評估方法			適用的品牌階層		
基準	方法	資料	公司品牌 事業品牌	產品品牌 副品牌	要素品牌
消費者基準衡量法	直接路徑法（依成果評估）	偏好、購買、WTP	X	○	△
	間接路徑法（依來源評估）	品牌認知、品牌形象	○	○	○
財務基準衡量法（以金錢來評估）	成本	成本、市場交易價格	○	X	X
	市場	總市值與產業組織指標	○	X	X
	收益	會計資料與分析師的分析	○	X	X

調查品牌對客戶偏好與購買行為的影響

　　直接路徑法是透過評估品牌權益對顧客偏好、購買行為的影響，以衡量品牌力。其中一個具代表性的指標，是有品牌的產品以及具有同等功能、規格的無商標產品這兩者之間的金額差距，也就是溢價。

　　這個指標可以使用實際的購買紀錄來推斷，也可以透過問卷調查消費者**願意支付的價格**（Willingnes to Pay, WTP）或聯合分析來推估。也有其他的指標，例如以購買行為衡量忠誠度、回購率、交叉價格彈性，還有以問卷調查評估顧客的喜愛度、滿意度、受口碑影響的經驗等。

　　另一方面，**間接路徑法則是以「品牌力源自於消費者心中的品牌知識、認知、形象、態度」為概念，從多個元素衡量品牌權益的來源。**

　　以右圖為例，日經 BP 社從 2001 年以來每年發布「Brand Japan」，其中的 B to C 指標是根據消費者心中的形象，算出四大指標的評分以及品牌的綜合能力。此外，國際性的廣告公司——揚雅（Young & Rubicam）公司則是以四大概念評量品牌力的來源，分別為能量差異（Energized Differentiation）、適切性（Relevance）、尊重與評價（Esteem）、認知與理解（Knowledge）。美國學者 Jennifer Aaker 提出**品牌個性的概念**，指出品牌就像人一樣具有誠實、教養等個性，並提供可以衡量的面向（右下圖）。

消費者基準衡量法

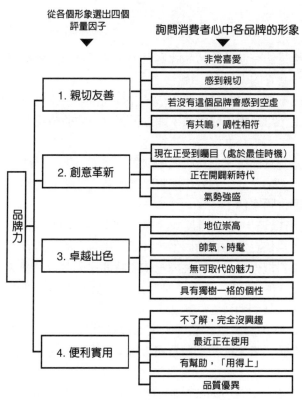

從各個形象選出四個
評量因子 ▼

詢問消費者心中各品牌的形象 ▼

品牌力

1. 親切友善
- 非常喜愛
- 感到親切
- 若沒有這個品牌會感到空虛
- 有共鳴，調性相符

2. 創意革新
- 現在正受到矚目（處於最佳時機）
- 正在開闢新時代
- 氣勢強盛

3. 卓越出色
- 地位崇高
- 帥氣、時髦
- 無可取代的魅力
- 具有獨樹一格的個性

4. 便利實用
- 不了解，完全沒興趣
- 最近正在使用
- 有幫助，「用得上」
- 品質優異

資料出處：http://consult.nikkeibp.co.jp/consult/

18

品牌

Aaker 對於品牌個性指標的分類

因子	主要元素	例子
真誠	穩重、坦率、健康、激勵	金寶湯公司、賀曼卡片、柯達
刺激	崇拜、勇氣、想像力、創新性	保時捷、班尼頓集團、絕對伏特加
能力	信賴、知性、成功	美國運通、CNN、IBM
教養	上流階級、魅力	LEXUS、賓士、露華濃
粗獷	戶外、強韌	Levi's、Marlboro、Nike

調查品牌為企業帶來的金錢附加價值

　　財務基準衡量法有助於評估品牌為企業、事業與部門層級帶來的金錢附加價值，衡量的方法有三種。

　　第一種是**成本法**，包含歷史成本法，計算到目前為止培育品牌所花費的累積支出，以及重置成本法，即以併購等方式收購相似品牌時的市場價格。

　　這個方式直覺且簡單，但是有幾個缺點，例如只把焦點放在行銷投資（支出），忽略了其中的效率與實際的收益，或是能夠作為市值參考基準的相關併購案例不多等。

　　第二個是**市場法**，是根據反映企業未來現金流的金融市場價值（總市值），再依企業的行銷因素，計算其中包含的品牌資產（右上圖）。由於資料取得容易，因此能夠依照時間序列分析品牌資產，不過，這個方式的缺點是只考慮了股票市場、投資人的判斷與市場狀況，完全沒有考量到消費者的想法。

　　第三個則是**收入法**，是從品牌未來的收益計算折現後的現值。這個方法會需要企業未來的預期收益與折現率（期望報酬率）這兩項資料。

　　右側中間的圖是 Interbrand 品牌價值計價法，Interbrand 是世界上第一個將品牌價值列為會計資產的公司。這個方法是從財務分析與品牌作用分析，計算出品牌未來的預期收益。品牌強度分析則是以 10 個指標衡量品牌力，並以品牌獲得的分數**估算折現率，而折現率反映了未來收益的不確定性**。

財務基準衡量法

市場法

資產型態	因素	副因素	具體例子
有形資產	–		企業在物質上投入的資產總和
無形資產	品牌因素	品牌溢價因素	以往的廣告、品牌成立年數等
		行銷／成本效益因素	進入市場的先後次序、廣告費占比等
	非品牌因素	–	研發、專利等
	產業因素	–	獨占情況、進入障礙等

收入法（Interbrand 公司的方法）

1. 財務分析

企業未來的預期收益

2. 品牌作用分析

抽取收益中由品牌貢獻的部分

將稅前收益扣除資本成本與 OEM 等無商標商品之獲益

3. 品牌強度分析

衡量品牌未來收益的不確定性

折現率 = f（品牌得分）

品牌得分的十大指標

內部指標

1. 品牌清晰度（Clarity）
2. 品牌重視度（Commitment）
3. 品牌管控力（Governance）
4. 品牌反應力（Responsiveness）

外部指標

1. 品牌真實性（Authenticity）
2. 品牌相關性（Relevance）
3. 品牌差異性（Differentiation）
4. 品牌一致性（Consistency）
5. 品牌存在性（Presence）
6. 品牌交互度（Engagement）

▶ 04　品牌相關的策略與管理

該採取什麼樣的品牌策略？

　　品牌策略分為五種類型（右圖）。**產品線延伸**是讓同一產品類別中不同產品（口味、形狀、材料等）使用同一個品牌名稱。例如日本電視購物兼營網購平台的公司 Japanet Takata 採取的模式，是針對特定通路業者進行產品線延伸，稱為**品牌變體**策略。這個策略是源自於通路業者的要求，目的是避免零售業者間對同一項產品展開競爭。另一種策略是讓新的產品類別使用既有的品牌名稱，稱為**品牌延伸**，YAMAHA（樂器、機車、運動用品等）就是一個例子。

　　產品線延伸與品牌延伸的優點是在成本上享有規模經濟的優勢，相較於新品牌具有較高的成功機率，但另一方面卻**可能削弱品牌的識別度**。目標越明確的品牌越強勢，因此產品線與品牌的延伸必須評估與既有品牌形象是否相符，仔細思量後再採取行動。

　　在既有的產品類別中導入新的品牌，就是**多品牌**策略，例如化妝品與日用品，就有許多企業在同一類別中擁有多個品牌。近年來，將這些品牌視為一個整體並加以管理的**品牌組合策略之必要性日益提高**。

　　將新品牌導入至既有的產品類別與新的產品類別，優點是不受既有形象的侷限，即使失敗，損失也有一定的限度等，不過支出費用相對也比較高。第五個策略是**聯合品牌**，多個品牌可以來自同一企業、同產業的其他公司，也可以是來自不同行業的公司。

品牌策略

		品牌	
		既有	新推出
產品類別	既有	[1] 產品線延伸 ●產品差異 ●品牌變體	[3] 多品牌
	新推出	[2] 品牌延伸	[4] 新品牌

[5] 聯合品牌

同一企業 （公司品牌 ＋ 產品品牌 ＋ 要素品牌）
例　馬自達 ＋ Demio ＋ 創馳藍天技術

同產業的其他公司 （合作）
例　電腦搭載 Intel 處理器、UNIQLO ＋ GORE-TEX、 哈根達斯 ＋ GODIVA

不同產業 （合作）
例　LEXUS ＋ JBL、COACH ＋ DISNEY

企業擁有的多個品牌

　　如今的品牌策略，除了必須考量企業間的品牌競爭（Competition）之外，也越來越需要實施企業內的品牌協調（Coordination），也就是**統一管理公司內所有品牌的組合**。擬定橫跨多個品牌的事業策略時，企業擁有的資源與競爭優勢等經營上的觀點固然重要，不過從行銷的角度出發，了解顧客對於多個品牌的整體評價也是很重要的。

　　品牌組合中的品牌結構，是否能發揮品牌策略的優勢？在哪個組合之下能讓品牌間發揮**行銷活動的綜效**？哪個產品品牌為公司品牌帶來什麼樣的**形象影響**？透過顧客的知覺分析這些問題，了解公司底下各品牌之間的影響，並掌握品牌組合的結構，這對於廣告、促銷等行銷活動的決策與效率提升，以及品牌策略與經營策略來說都是不可缺少的步驟。

　　桝山純與筆者曾透過顧客的「品牌知識」兩大元素，也就是「**認知**」與「**形象**」的觀點來分析品牌組合的結構。首先要評估品牌組合中的品牌回憶資料，以「**其他品牌對自身之影響**」（Vulnerability）與「**自身對其他品牌之影響**」（Clout）的兩個構面，衡量品牌間的影響強度與方向性。接下來再根據品牌形象資料，評估各品牌在品牌組合中的形象相似程度，以及這對於公司品牌帶來的**形象轉移效果**。

消費者基準的品牌組合分析

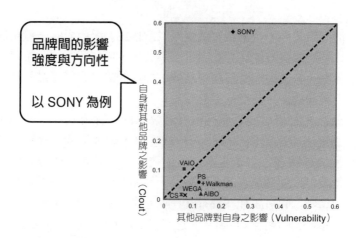

品牌間的影響
強度與方向性

以 SONY 為例

自身對其他品牌之影響（Clout）

其他品牌對自身之影響（Vulnerability）

雷達圖

●對每個品牌的五大指標評分
①趣味性　②品質、可靠性　③格調　④創新　⑤好感度
●每個產品品牌對於不同的公司品牌形象所帶來的轉移效果
⇨ 趣味性 ➡ 品質、可靠性 ⇨ 格調 ➡ 創新 ➡ 好感度

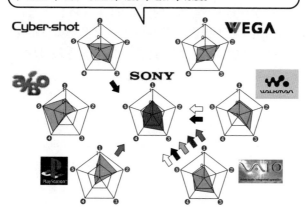

資料出處：桝山純、阿部誠，〈消費者基準的品牌組合分析〉（暫譯），*Japan Marketing Journal*, Japan Marketing Association 109 (2008/6)

從「物」到「事」

　　隨著經濟發展成熟，企業希望跳脫只以價格為競爭因素的一般化商品，轉而以「功能與方便性」差異化。不久後，模仿與同質化讓差異化走向臨界點，企業因而轉為經營品牌，提供的價值也從產品的核心功能轉變為附加功能，甚至是「感受」。

　　如果將產品、服務想成是滿足消費者需求的一種方式，理解使用「經驗」為顧客帶來的價值就變得相當重要。顧客透過「購買、使用、擁有」等經驗在心中產生價值，而這樣的價值讓人印象特別深刻，因此企業可以**強調顧客的**「體驗」，持續打造品牌的專屬形象。

　　伯德‧史密特（Bernd H. Schmitt）博士提出五種體驗模組，分別是感官（Sense）、情感（Feel）、思考（Think）、行動（Act）、關聯（Relate），他認為這些體驗無法由企業直接提供，而是從個人的經驗、體驗而得，因此印象會特別深刻。不過，企業能夠給予刺激，引發體驗價值。**史密特的體驗行銷**提倡企業將能夠掌握的七種刺激結合五種體驗模組，實施策略規劃。近來也出現**情境價值**的概念，是顧客在形成體驗價值的過程中，對企業的「策略」自發性地創造出價值。例如 YAMAHA 所提供的價值中，以著名藝術家的愛用型號（情感）、音樂教室（體驗）、樂團比賽（情境）等最具代表性。

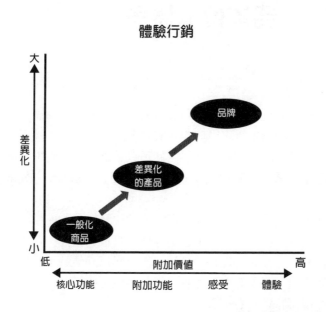

體驗行銷

策略規劃

			體驗媒介						
			溝通	識別	產品呈現	共同建立品牌	空間環境	網站與電子媒體	人
策略體驗模組	感官 （Sense）	透過五感的刺激而產生							
	情感 （Feel）	刺激內在情感而產生							
	思考 （Think）	刺激認知思考而產生							
	行動 （Act）	透過親身的體驗而產生							
	關聯 （Relate）	透過與其他人與文化之關係而產生							

▶ 01 服務的特徵

從「產品本位」走向「服務本位」思考

行銷的最終目的是透過滿足消費者需求，提升消費者的滿意度，而產品則是達成目的的手段，因此現在有許多品牌已經從單純提供產品走向有形產品與無形服務的結合。由此可以看出，企業的經營邏輯已經從**「產品主導邏輯」**轉變為**「服務主導邏輯」**（Service Dominant Logic）。

服務有個很大的特徵，就是顧客難以衡量服務的品質。如右上圖所示，橫軸從搜尋特性（可以在購買前評估）、經驗特性（可以在使用過程中評估）、一直到信任特性（使用後也難以評估），越是往右，品質就越難衡量，服務的特性也會比產品特性更強勢。

服務具有四個特性（右下表）：

1. 無形性（Intangibility）

由於不具實體，因此無法直接看見或觸摸。

2. 同時性（Simultaneity）

是由服務提供者與顧客的互動所共同創造的「產品」，生產與消費會同時發生。也稱為「不可分割性」。

3. 異質性（Heterogeneity）

服務提供者（服務人員）（能力、責任）與顧客（配合度、能力）交互作用後的結果，因此較不易將品質維持在一定的水準。

4. 易消滅性（Perishability）

無形服務沒有庫存，如果無法因應顧客的需求變化，就會失去原本可以透過販賣服務而取得的收入。

服務是什麼？

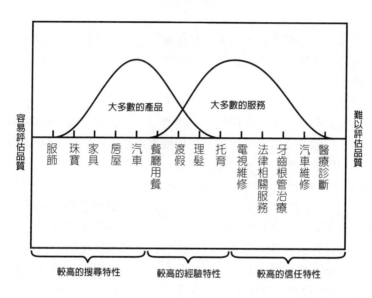

容易評估品質 ← → 難以評估品質

大多數的產品　　　大多數的服務

服飾　珠寶　家具　房屋　汽車　餐廳用餐　渡假　理髮　托育　電視維修　法律相關服務　牙齒根管治療　汽車維修　醫療診斷

較高的搜尋特性　　較高的經驗特性　　較高的信任特性

服務的特性

特性	說明	解決、因應方式
無形性	並非實際存在的物質，因此無法直接看見或觸摸	賦予形體、視覺化（品牌、標誌） 提供資訊、案例 保證品質 試用
同時性也稱為「不可分割性」	是由服務提供者與顧客的互動所共同創造的「產品」，生產與消費會同時發生	顧客的理解（顧客能力的掌握） 請求客戶配合 教育顧客
異質性	服務提供者（能力、責任）與顧客（配合度、能力）交互作用後的結果，因此每一次的服務品質都有所差異	保證品質 教育顧客 服務標準化、提高生產力 員工訓練、獎勵
易消滅性	無形服務沒有庫存，如果無法因應顧客的需求變化，就會失去原本可以透過販賣服務而取得的收入	事前預約制 尖峰、離峰時段的管理 收益管理

服務的管理

　　服務是員工、設備環境、顧客、服務流程這四個元素交互作用的結果。服務是以「體驗」的形式提供給顧客，管理服務時，右圖的**服務傳送系統**是相當有效的概念。

　　後場就像是「後台」，創造出顧客看不見的技術核心，**前場**則是顧客看得見的部分，是由設備與環境（硬體面）、直接與顧客接觸的員工所構成。與顧客直接接觸的部分統稱**服務接觸**，爲難以衡量的服務提供價值判斷的參考依據，對滿意度帶來很大的影響。

　　分析服務流程以提升服務的效率時，將服務解釋爲一連串的事件，並使用**服務腳本**（Service Script）與**服務藍圖**（Service Blueprint）等工具，是相當有效的方式。前者是站在顧客的角度，依時間順序敘述各個事件的發生情況，後者則是以服務提供者的觀點，將發生的各個事件以圖形化的方式，呈現出後場、前場、服務接觸的共同作用。這有助於企業理解各元素間的相互作用，判斷服務傳送系統是否具有一致性，並且讓顧客感到滿意。

　　也有其他的管理方法，例如**行銷 7P** 是將一般的行銷 4P 加上服務人員、顧客（Participants）、設備、空間（Physical Evidence）、服務流程（Process），而**劇場理論**則是將服務類比爲戲劇觀賞的「經驗」。

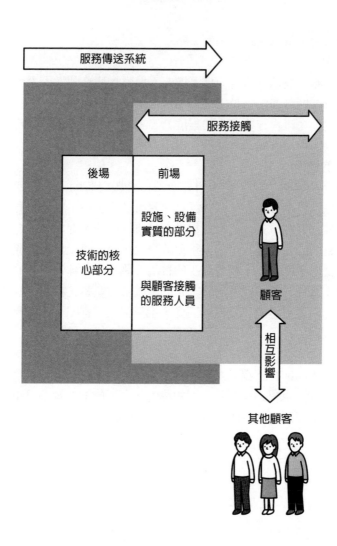

服務傳送系統

服務傳送系統

服務接觸

後場	前場
技術的核心部分	設施、設備實質的部分
	與顧客接觸的服務人員

顧客

相互影響

其他顧客

19

如何才能以服務取勝？

服務提供者必須制定以下三個策略。

1. 差異化

服務內容必須在基本服務（例：廉航）與附加服務間取得平衡。提供服務的方式則需要決定員工（自助與提供服務的比例）、實質環境（豪華程度）、流程（標準化的程度）等項目。另外，由於服務相當容易模仿，因此品牌的建立（例：龜田診所）也相當重要。

2. 品質的管理

評估服務品質時，除了客觀的評估項目（服務時間、等待時間）外，還可以採用顧客問卷、購物評比、建議／客訴單、客服中心、監控小組與神祕客等方式。如果要提供高品質的服務，促進員工滿意度的**內部行銷（公司內部）**是相當重要的概念，包含賦予員工動機（金錢與非金錢的激勵等）、提升員工的技能（訓練）、建立友善的工作環境（例：育兒）等。此外，將一定的權限交付給員工，也可以讓員工服務顧客時能更迅速、妥善地回應、士氣提升、提出更多優異的構想，這亦有助於打造一個良性的循環。

3. 產能

在控制成本的前提下提高產能也相當重要。右上圖是顧客以重要程度及績效評估汽車經銷商服務部門的屬性，右下的散布圖則呈現了從 D 區域將有限資源重新分配到 A 區域的有效性。

科特勒（Kotler）的服務行銷策略

 根據顧客的不滿意調查，25% 的顧客對於購買產品感到不滿意

由顧客評估的重要程度與服務表現的達成度（汽車經銷商）

屬性內容	重要程度	服務表現達成度
1 一次提供完整的服務	3.83	2.63
2 迅速處理客訴	3.63	2.73
3 迅速提供保固服務	3.60	3.15
4 提供所有必需的服務	3.56	3.00
5 在客戶需要時迅速回應	3.41	3.05
6 細心且親切的服務態度	3.41	3.29
7 在約定時間預備好汽車	3.38	3.03
8 只執行必要的業務內容	3.37	3.11
9 便宜的服務費用	3.29	2.00
10 服務結束後的後續處理	3.27	3.02
11 離家裡很近	2.52	2.25
12 離工作地點很近	2.43	2.49
13 接送服務	2.37	2.35
14 寄送保養通知	2.05	3.33

四種評分：非常重要「4」、重要「3」、不太重要「2」、完全不重要「1」

四種評分：非常好「4」、良好「3」、普通「2」、很差「1」，還加上一個選項是不確定

可以得知將有限資源從 D 區域重新分配到 A 區域的有效性

資料來源：Kotler (2000)

▶ 04 評估服務

什麼才是好的服務？

　　服務的品質難以衡量，消費者為了降低消費的風險，在行為上會有幾個特性：①比起廣告，更相信口碑；②評估品質時，很重視價格、員工、實質環境等因素；③對於感到滿意的服務提供者會有極高的忠誠度等。

　　因此，**比起產品，服務更需要提升顧客的滿意度。**

　　品質的指標有服務提供者規範的客觀性指標（失誤機率與等待時間），以及顧客的主觀性指標。比起產品，**服務需要更加重視「知覺品質」**，知覺品質是由同時性、異質性而來的主觀性指標。右圖是 SERVQUAL 量表，是相當具有代表性的量表，透過問卷調查評估服務的品質，從 22 個問題抽取出五大因素，即「**可靠性**」、「**回應性**」、「**保證性**」、「**同理性**」、「**有形性**」。產業不同，這些因素的重要程度也有所不同，因此跨產業進行比較時，要直接衡量顧客滿意度。如 4-5 所介紹的，顧客滿意度是購買後的知覺績效與購買前預期的差距。「日本版顧客滿意度調查」則主要是以服務業為對象，進行跨產業的顧客滿意度比較。

　　最後，由於服務業的人為介入因素有很多，比起產品更難避免「失敗」，遇到問題時迅速解決不只能避免顧客流失，也可以提升顧客的忠誠度，因此事前思考各種失敗的情境是很重要的。不過，「服務品質保證」雖然是個有效的方法，但必須留意一點，顧客購買前抱有太高的期待，反而會導致滿意度下降。

SERVQUAL 量表與評估項目

可靠性	A 公司一定會遵守約定好的日期
	A 公司對於有困擾的顧客，會設身處地為顧客解決
	A 公司可以在不失誤的情況下完成整個服務流程
	A 公司會依照約定時間提供服務
	A 公司會正確記錄顧客要求與發生的情況等

回應性	服務人員能正確告知顧客服務的提供時間
	服務人員能適時地提供顧客服務
	服務人員對顧客總是積極提供協助
	服務人員不會因為忙碌，不滿足顧客的要求

保證性	服務人員的行為令顧客感覺可靠
	與服務人員的溝通過程令顧客感到放心
	服務人員面對顧客時有禮貌
	服務人員具有足夠的知識，能回應顧客的問題

同理性	A 公司關心每一位顧客
	A 公司對於顧客個人給予關心
	服務人員了解每個顧客的需求
	服務人員了解顧客對什麼最感興趣
	A 公司在對所有顧客最方便的營業時間營業

有形性	A 公司具備最新的設備
	A 公司的設施在外觀上極具魅力
	注重服務人員的服裝儀容與態度
	A 公司服務與小冊子等相關資料設計用心，也很好看

▶ 05　收益管理

現在不買價格就會立即改變？

　　由於服務具有易消滅性，如果不能因應顧客的需求變化，就會產生兩個很大的問題。**在需求過高的情況下**，拒絕提供服務會讓企業損失原本可能獲得的營業收入，或是勉強接待客戶導致服務品質下降，顧客滿意度降低。**在需求過低的情況下**，人力與設備並未充分受到運用，卻還是必須支出成本。右上表針對這個問題，從需求與供給的兩個層面整理出可能的因應方式。

　　1970 年代，美國航空業因為法規放寬導致競爭更加激烈，因此出現了一種透過價格調整管理需求的方法，稱為**收益管理**。右下圖呈現的就是收益管理的基本概念。

　　首先要將顧客願意支付的價格上限（保留價格）由大到小排序並繪製成圖，這就是經濟學的需求曲線。如果設定的是單一價格，營收會是圖中的 A 區塊，而問題在於 B（即使高於單一價格也能獲取的收益）與 C（低於單一價格時所能獲取的收益）。

　　收益管理是企業**依照顧客支付費用的意願來管理價格**，將包含 B 與 C 在內的收益最大化。這就像銷售商務艙的機票一樣，航空公司會在保留一定的座位數給願意支付一般價格的顧客後，將剩下的位置依照可賣出的金額由高到低逐次調降，以將所有的座位賣出。不過，為了避免顧客轉而購買更便宜的機票，航空公司必須透過服務內容、退票與日期變更條件等，將機票差異化。

供需管理與收益管理

供需管理

管理	解決、因應方式	例子
需求端	降價	早鳥價、平日折扣
	促進離峰時段的需求	居酒屋的午餐
	提供互補的服務	餐廳附設酒吧、銀行的 ATM
	導入預約制度	醫院、美容美體、美髮沙龍
供給端	兼職員工	大學的兼任講師
	建立尖峰時段的作業程序	尖峰時段服務顧客、離峰時段清點庫存
	提高顧客參與度	自助式、歐式自助餐、自助報到
	共享設備	共享醫療設備
	投資設備以利未來擴張	遊樂園購買周圍土地，以利未來開發使用

收益管理

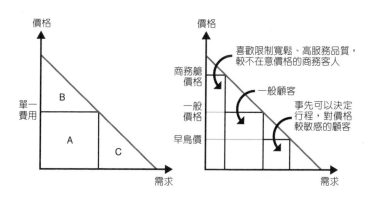

▶ 01　超顧客主義

超越「顧客是神」的概念

　　本書在一開始就提到「顧客」對經營的重要性，不過，光是透過問卷了解顧客需求，以適合的形式提供產品與服務給顧客，是無法在21世紀生存的。比顧客還了解顧客的需要和欲望，在了解顧客的狀況後，透過商品與服務提供顧客超乎想像的方案與附加價值，才能夠引發顧客的共鳴與感動，並建立信賴關係。如今，**企業需要的是「超顧客主義」，也就是超乎顧客的理解能力與提案能力**，那麼實際上應該如何執行呢？

　　第一是**深入理解顧客**，在網路上進行問卷調查會有許多問題，例如為了點數而參加的不相關受訪者與樣本偏差等。不要只仰賴單方面作答的問卷調查，可以積極採用階梯法等較新的心理探索方式，或是參考《心腦行銷》與《體驗行銷》等書所提出的心理框架。

　　第二是**積極運用公司外部的資源**，以補足不足的資源、技術與能力。具代表性的方法包含外包、與創新者和意見領袖顧客共同開發、以開源軟體的方式共同開發、建構平台等。

　　第三則是透過**技術創新**，以不曾想像的方式、手段，提供前所未有的商品與服務。特別是網路時代，如何像 Mercari 與 Airbnb 一樣善用顧客之間的交互作用，是相當重要的議題。

超顧客主義

●比顧客更了解顧客的需要、欲望與狀況
●透過產品與服務提供顧客超乎想像的方案與附加價值

引發顧客共鳴與感動
建立信賴關係

為了達成目標，企業必須……
1. 採用新的心理調查方式與心理框架
2. 運用公司外部資源（開源軟體等）
3. 藉由技術創新，以新的手段、方式提供新的商品與
　 服務

活躍企業共通的經營祕訣！向日本強勢品
牌的經營者學習讓自己超越顧客，成為顧
客，持續向顧客傳遞驚訝與感動的「超顧
客主義」。這是源自日本，讓平凡人也能
打造出非凡成果的全新經營模式

參考文獻：片平秀貴、古川一郎、阿部誠，《超顧客主義》（東洋經濟新報社）、Gerald Zaltman，《心腦行銷》（Diamond社）、Bernd Schmitt，《體驗行銷》（Diamond社）

20

顧客即資產

▶ 02　Gupta 與 Lehmann 的框架

顧客資產與企業價值

　　接下來的章節會介紹行銷科學研究者對顧客價值提出的三個框架，這些框架都能夠用於價值的衡量與實踐，而不只是概念。

　　Gupta 與 Lehmann 運用實際的例子，說明事業收益的來源「顧客權益」（Customer Equity，參考第 15 章）可以類比為企業價值的指標「總市值」，主張：①因為現金流為負或趨近於零，而難以透過財務方法分析的初期網路企業，可以透過這個方法進行有效的評估；②在併購（M&A）時，可以成為評估企業的新／替代指標。「顧客權益」是以淨現值呈現出企業從顧客（既有＋潛在）一生中所能獲取的收益，**計算時需要未來的預期顧客數、每個顧客的收益與取得成本、客戶保留率**等資料。作者表示，除了分析師估算的顧客保留率之外，也可以從一般民眾都可取得的公開資料（公司年報等）推估數字。

　　這對行銷方面的啟發是：①客戶保留率相對於顧客價值的彈性約是 5（3～7）、平均每人收益約是 1、取得成本約是－0.1（－0.02～－0.3）；②當保留率改善 1%，顧客價值就會提高 5%，由於將資本成本降低 1%，顧客價值也只會增加 0.9%，由此可知**保留率具有很大的影響力**。不過，實務上若是想要提升顧客權益，在選擇操作的驅動因子時，也必須將提升保留率、收益、折現率所增加的成本納入考量。

Gupta 與 Lehmann 的框架

〔實例〕

① 對屬於初期階段，難以運用財務方法分析的網路公司
　能有效評估
② 在 M&A 時可以成為評估企業的新 / 替代指標

可以類比

總市值 ⟷ 顧客權益

是由
● 未來的預期顧客數
● 每個顧客的收益與取得成本
● 客戶保留率
計算而得

參考文獻：Gupta, Lehmann，《顧客投資管理》（暫譯，英治出版）、S. Gupta,
D. Lehmann, J. Stuart (2004),Valuing Customers, *Journal of Marketing Research*,
41(2), 7-18

20

顧客即資產

顧客資產的三個驅動因子

　　勒斯特（Roland T. Rust）等學者首先指出銷售、交易導向的問題點「死亡螺旋」。為了提高收益，從商店中去除銷售數量少，利潤較低的商品後，就會損失原本購買這些刪除商品的同時，也會購買其他商品的顧客。這時候為了避免收益變得更低，商店又進一步刪除不受歡迎的商品，沒想到又導致更多的顧客流失，這樣的惡性循環就是**「死亡螺旋」**。

　　根據這個框架的說明，企業是透過價值權益、品牌權益、關係權益這三個驅動因子來影響「顧客權益」，顧客權益是透過與客戶維持長期關係所建構的。

　　價值權益是顧客對商品、服務的客觀價值評價、**品牌權益**是顧客的主觀價值評價，**關係權益**則是顧客與企業間關係的強度。

　　而這三個驅動因子會受到企業的具體行動，也就是次驅動因子所影響（右圖）。各個次驅動因子的影響力，是透過問卷調查針對不同客戶所推估的。而勒斯特等學者假設品牌轉移的機率會受到各個次驅動因子的值所影響，並根據顧客重複轉移品牌的過程，計算顧客的終身價值。

　　這代表，勒斯特等學者透過將顧客權益與企業具體的行銷活動相互連結，**對顧客資產的提升提供實務上的啟發**。

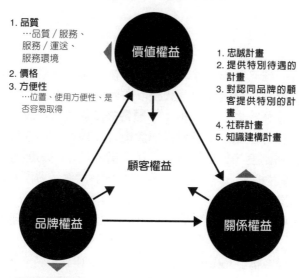

勒斯特等學者提出的框架

價值權益

1. **品質**
   …品質／服務、服務／運送、服務環境
2. **價格**
3. **方便性**
   …位置、使用方便性、是否容易取得

1. 忠誠計畫
2. 提供特別待遇的計畫
3. 對認同品牌的顧客提供特別的計畫
4. 社群計畫
5. 知識建構計畫

顧客權益

品牌權益

關係權益

1. **顧客的品牌認知**

   …整合行銷溝通、媒體的選擇、訊息設定

2. **顧客對品牌的反應**

   …溝通訊息、特別的活動、品牌擴張、品牌夥伴、名人推薦

3. **顧客對道德的認知**

   …對當地活動的支持與實際行動、重視顧客資料的隱私權保護政策、不參與環境汙染的行動、不違反道德的勞工雇用與待遇、產品／服務的品質保證

資料來源：Rust, Zeithaml, Lemon，〈顧客權益的框架〉（暫譯），《DIAMOND 哈佛商業評論》

參考文獻：Rust, Zeithaml, Lemon，《顧客權益》（暫譯）（Diamond 社）、R. Rust, K. Lemon, V. Zeithaml (2004), Return on Marketing: Using Customer Equity to Focus Marketing Strategy, *Journal of Marketing*, 68(1), 109-127

PICK UP

顧客契合

　　企業與顧客間建立關係、連結（投入）後，除了直接交易之外，也可以透過各種與買賣無關的形式獲取顧客提供的價值。Kumar 等學者認爲上述價值包含以下四種：①**顧客終身價值（CLV）**：從購買行爲取得的終身價值；②**顧客推薦價值（CRV）**：顧客透過提供激勵獎金的推薦制度，對取得新客戶所貢獻的價值；③**顧客影響價值（CIV）**：顧客透過口碑促進潛在顧客與既有顧客消費所貢獻的價值；④**顧客知識價值（CKV）**：顧客的知識與回饋對於產品／服務的開發與改善所貢獻之價值，將以上四項價值加總後，就稱爲**顧客契合（CEV）**。

　　截至目前與顧客權益相關的討論（例如 Gupta 與勒斯特），主要都聚焦在買賣交易，然而網路與社群媒體的發達，讓顧客與企業、顧客與顧客，以及顧客與潛在顧客之間能夠積極互動，這不僅大幅提升非買賣交易所產生的顧客價值（CRV、CIV、CKV），也讓價值更能夠受到衡量與評估。

　　企業爲了將 CEV 有效運用於行銷策略，首先必須建立機制，蒐集資料，以評估、衡量不同顧客的四項價值。接下來則必須評估企業可以掌控哪些驅動因子以影響這些價值，並評估其效果。最後則針對不同顧客，判斷對哪個驅動因子分配多少資源，能夠獲取最大的CEV，並付諸實踐。

Kumar 的框架

顧客終身價值
Customer Lifetime Value, CLV

從顧客購買行為所取得的終身價值

顧客推薦價值
Customer Referral Value, CRV

顧客透過提供激勵獎金的推薦制度，對取得新客戶所貢獻的價值

顧客影響價值
Customer Influence Value, CIV

顧客透過口碑促進潛在顧客與既有顧客消費所貢獻的價值

顧客知識價值
Customer Knowledge Value, CKV

顧客的知識與回饋對於產品／服務的開發與改善所貢獻之價值

顧客契合
Customer Engagement Value, CEV

能夠從顧客獲取的總價值

PICK UP

PROFITABLE CUSTOMER ENGAGEMENT

V. KUMAR

20

顧客即資產

參考文獻：V. Kumar "Profitable Customer Engagement" SAGE Publications.
V. Kumar, et. al (2010), Undervalued or Overvalued Customers: Capturing Total Customer Engagement Value, *Journal of Service Research*, 13(3), 297-310

結語

　有一個現象相當有趣，許多頂尖商學院的教師，在取得博士學位後就立即擔任教職，因此並沒有在企業任職的實際經驗。其實，我的恩師，也就是麻省理工學院的 John Little 教授曾說「研究人員（＝教師）還是純學術背景、溫室栽培來得好」。他的意思是，理論上的假設在實際情況中很少能完全成立，如果對每一個因素都太過在乎，會阻礙科學性的思考。而對實務過於了解還可能會有一個風險，那就是根據經驗與關聯性來判斷成功的因果關係，而不是客觀的（科學性）依據（參考 17-4）。許多經營者曾創造優異績效，有著「經營之神」的稱號，卻因為沒有順應環境而改變，拘泥於自己過去的成功經驗，導致做出不合乎時代的錯誤決策，這樣的例子其實相當常見。

　我在「前言」也曾提到，實務上的行銷涵蓋科學與藝術這兩個層面。面對日常的繁忙業務，有時候實在沒有餘力進行邏輯性、系統性的思考，而本書則希望能幫助這樣的讀者習得科學性的思考方式，至於藝術層面則需要從實際的商務經驗中學習。在閱讀本書並理解其中內容後，如果要修正、改善、擴充並應用於實務上的特定行銷情境，就只能實際執行並累積成功與失敗的經驗。執行的過程中記得使用理論性與邏輯性的思考，如此一來，「嘗試錯誤」的效率應該能大幅提升。

　各位是否知道英文行銷入門教科書的厚度為何如此驚人（例如經典的入門教科書，由 Kolter 著作的《*Marketing Management: The Millennium Edition*》就多達 900 頁以上）？歐美的商學院除了課程內容外，也會透過豐富的案例分析、報告、討論來訓練學生，讓學生畢業進入公司後能立即發揮自己的能力，因此會因應需求，在課本提供許多案例，最後課本就變得相當厚實。此外，MBA 的行銷課程細分為許多專業科目，很多商學院所教授的課程包含「消費者行為」、「行銷研究」、「產品管理」、「產品訂價」、「廣告、溝通」、

「促銷」、「通路管理」、「電子商務」、「品牌管理」、「服務行銷」、「國際行銷」、「B2B 行銷」等。這些科目在本書中都有相對應的章節，希望透過本書，能進一步引發讀者對於專業領域的興趣與關注。

　　希望各位讀者在了解本書提及的科學相關概念後，能實踐於日常業務，讓藝術層面的能力進一步提升，成為更好的行銷人。

2017 年 9 月

阿部　誠

博雅科普 038

東大教授十小時教會你大學四年的行銷學

大学4年間のマーケティングが10時間でざっと学べる

作　　　者	阿部誠
譯　　　者	何蟬秀
審 閱 者	林穎青
發 行 人	楊榮川
總 經 理	楊士清
總 編 輯	楊秀麗
副總編輯	劉靜芬
校對編輯	林佳瑩、呂伊真、沈郁馨
封面設計	姚孝慈
出 版 者	五南圖書出版股份有限公司
地　　　址	106台北市大安區和平東路二段339號4樓
電　　　話	(02)2705-5066
傳　　　真	(02)2706-6100
劃撥帳號	01068953
戶　　　名	五南圖書出版股份有限公司
網　　　址	https://www.wunan.com.tw
電子郵件	wunan@wunan.com.tw
法律顧問	林勝安律師事務所 林勝安律師
出版日期	2022年8月初版一刷
定　　　價	新臺幣380元

國家圖書館出版品預行編目資料

東大教授十小時教會你大學四年的行銷學／阿部誠著；何蟬秀譯. -- 初版. -- 臺北市：五南圖書出版股份有限公司, 2022.08
面；　公分
譯自：大学4年間のマーケティングが10時間でざっと学べる
ISBN 978-626-317-901-1（平裝）

1.CST: 行銷學

496　　　　　　　　　　　　　111008231